本书的出版受中央高校基本科研业务费
（CCNU15A02057、CCNU15A05068）

脑电–眼动同步实验方法学

——实验哲学、实验原理、测量技术与数据重整

高闯　魏薇　李玉杰◇著

MAO DIAN-YAN DONG TONG BU SHI YAN FANG FA XUE
——SHI YAN ZHE XUE、SHI YAN YUAN LI、CE LIANG JI SHU YU
SHU JU CHONG ZHENG

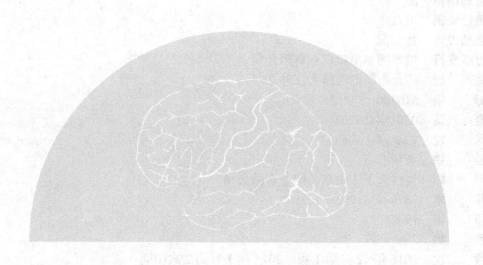

世界图书出版公司

广州·北京·上海·西安

图书在版编目（CIP）数据

脑电－眼动同步实验方法学：实验哲学、实验原理、测量技术与数据重整 / 高闯，魏薇，李玉杰著 .— 广州：世界图书出版广东有限公司，2016.12（2025.1重印）

ISBN 978-7-5192-2093-8

Ⅰ.①脑… Ⅱ.①高… ②魏… ③李… Ⅲ.①眼动—实验方法 Ⅳ.① B842.2-33

中国版本图书馆 CIP 数据核字（2016）第 278150 号

书　　名	**脑电－眼动同步实验方法学**	
	——实验哲学、实验原理、测量技术与数据重整	
	NAO DIAN–YAN DONG TONG BU SHI YAN FANG FA XUE	
	——SHI YAN ZHE XUE、SHI YAN YUAN LI、CE LIANG JI SHU YU	
	SHU JU CHONG ZHENG	
著　　者	高　闯　魏　薇　李玉杰	
策划编辑	陈　露	
责任编辑	冯彦庄	
装帧设计	楚芊沅	
出版发行	世界图书出版广东有限公司	
地　　址	广州市新港西路大江冲 25 号	
邮　　编	510300	
电　　话	020-84459702	
网　　址	www.gdst.com.cn	
经　　销	新华书店	
印　　刷	悦读天下（山东）印务有限公司	
开　　本	787mm×1092mm 1/16	
印　　张	19.625	
字　　数	286 千字	
版　　次	2016 年 12 月第 1 版　2025 年 1 月第 2 次印刷	
国际书号	ISBN 978-7-5192-2093-8	
定　　价	88.00 元	

序

在科学研究中，脑电和眼动研究的方法学，都以相对独立态势发展，并各自形成知识体系。随着神经科学研究进展和认知科学发展，脑在功能层次和神经编码层次的研究成果开始融合，这就促进了电生理数据、行为数据等关联性研究。

关联研究，是脑研究的深入，是不同层次研究成果寻求统一性解释的必然要求。在实验科学领域，任何一种实验技术的方法学体系，因为实验工程技术的天然缺陷，把不同技术联合在一起，寻求技术间的功能弥补，这可能为脑机制的理解，提供新的帮助。

脑电方法学是电生理研究的代表之一，眼动则是行为技术、神经科学相结合的产物（实际应用中，可能被忽视）。两者的神经机制的共通性，奠定了两者同步技术联合的基础。

此外，脑的复杂性，决定了以脑为研究对象的学科的长期生命力。迄今为止，还没有一个学科的知识可以完全支撑起和脑有关的研究，脑研究需要多学科知识，这也决定了脑研究的方法学的内容丰富。脑电、眼动的方法学也不例外。这种丰富内容，给从业者带来很大的困扰，即使具有丰富脑电、眼动技术经验的人，有时也往往力不从心。这由多方面原因所决定。

（1）脑复杂性。大脑是一个自然界长期进化、高度复杂的系统。研究这个系统，需要系统的方法学知识。而这个知识必将伴随脑科学研究发展的整个过程。复杂性决定了和脑研究有关的方法学具有长期发展的性质。这个性质也就决定了脑电、眼动方法的内容不断丰富。

（2）学科交叉性。脑电、眼动的方法学，涉及心理研究的哲学、实验科学、神经科学、系统科学、工程学、信息科学、生物物理学、生物医学工程等多个学科。使得脑电、眼动方法学具有交叉学科的性质，理解也就较为困难。这为企图利用脑电、眼动方法学的从业者，制造了多方面专业知识的困惑。

因此，单独做一个脑电、眼动系统的任何一种方法学知识介绍，都困难重重，更不要说把两个系统联合在一起的方法学。因此，本书站在把两种方法学整合在一起的角度，建立两种方法学同步的普适方法，这是本书的出发点，极具挑战而重负。尽管如此，本书依然想尝试以下内容：

（1）脑电－眼动实验系统的方法学基础。脑电实验系统，是实验方法学的一环。从普适的实验方法学出发，理解脑电实验系统，将迅速理解脑电方法体系构造。建立系统的以脑电为方法的实验体系。

（2）脑电、眼动产生的神经原理。该原理是所有脑电、眼动的最基本实验原理。所有脑电、眼动实验设计，都是通过该原理，诱发神经功能模块神经响应或者行为响应。通过诱发效应，研究神经功能组成和编码信息。

（3）测量学。脑电、眼动与统计学、实验测量学相结合，发展了一套测量手段。通过各种实验参数测量，研究脑的结构和功能。脑电、眼动遵循共同的测量学原理，它们是脑电、眼动实验设计的基础。

（4）实验设计。脑电、眼动实验设计必须考虑到测试对象、仪器、测量学等环节，因此，遵循这些原理，并形成设计的基本思路，是脑电、眼动研究者必须考虑的理论环节。

（5）脑电、眼动实验数据重整。在动力学基础上，通过实验数据，分析脑电动力过程，是心理学研究的基本归宿。因此，根据脑电的原始数据进行重整，是脑电研究中不可避免的关键一环。介绍脑电、眼动实验数据的重整方法，必不可少。

本书共分 16 章，各位作者分工如下：

高闯（第 1~6、8~13、15、16 章）

魏薇（第 7、9、11、12、14 章）

李玉杰（第 10 章）

耿秋月与敬娇娇负责全书的案例写作、文献标注。

本书是一本脑电－眼动同步技术的实验方法学图书，并不限于脑电、眼动技术的介绍。其基本构思路线是：方法学、实验技术、应用。企图把实验方法学背后的最基本方法学原理展现出来，并实现对脑电、眼动技术的深入理解。因此，它不是一个专业性质的研究报告集成，适用于利用脑电、眼动技术的本科生、研究生、博士生以及研究人员阅读。由于是第一次尝试这种联合同步的方法学整理，书中难免会出现错误，希望读者不吝指出。

高　闯

2014 年 1 月初稿于孟菲斯大学 FedEx 先进技术研究所

2015 年修订于华中师范大学

目 录

第三部分　脑电 – 眼动测量与记录原理

第四部分 脑电－眼动现象描述量

第五部分 脑电－眼动实验数据重整

第一部分
脑电－眼动同步系统概述

第 1 章　脑探测的方法学基础

　　脑科学的实验方法，源于自然科学实验方法的实践，并继承了自然科学方法的哲学和思考体系。而脑电、眼动的方法学，是自然科学方法学在具体学科实践中的关键一环。因此，脑电、眼动的方法学，并不是一个单纯的"实验技术"或者是"实验操作"。它植根于整个自然方法学的方法体系中，并与自然科学的方法学存在着根本性关联。

　　因此，我们并不把脑电、眼动及其联合的方法学仅仅作为一个"实验技术"来处理。而是从方法学的源出谈起，脑电、眼动方法学和整个自然科学方法的逻辑性也就显现，脑电、眼动方法学赖以存在的哲学原理、实验原理、技术原理的层次性也就体现出来，它的局限性也就应运而暴露。

　　因此，本章试图从自然科学思考的方法学出发，厘清对脑研究的实践路线。由此出发，来探索脑电、眼动的地位和作用。

1.1　人脑探测方法的哲学

　　采用实践路线，对研究对象进行研究，是自然科学普遍采用的思路。而践行这一路线，就是要寻找根本的方法学哲学，它是所有实践方法的根本。心理的实验方法学，从属于这个方法学之下，脑电、眼动的方法也不例外。本节，我们将讨论人脑研究的方法学哲学。

1.1.1　人脑黑箱探测思想

（1）自然科学黑箱探测思想

把研究对象看成一个黑箱，对黑箱进行探测研究，并坚持"可知论"是自然科学采取的基本方法哲学。"黑箱"探测方式是实验研究中的基本方式，也是人脑可知研究的基本前提。

其基本思想是：把"研究对象"看成一个黑箱，黑箱的结构和功能是未知的。为了得到黑箱的结构、功能和属性，我们可以向黑箱发送探测的中介介质，通过中介介质和黑箱之间的相互作用，诱发黑箱做出反应。通过诱发的反应，来推测黑洞内部的机制。这种思想称为"黑箱探测思想"，如图 1.1 所示。

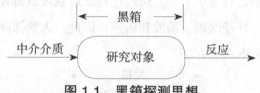

图 1.1　黑箱探测思想

把研究对象看成一个可知黑箱，通过中介介质诱发研究对象反应，根据反应信息推测黑箱结构、功能及其属性。

在物理学中，经典的散射实验是这种思想的典型代表。例如，我们想知道原子结构，可以通过一个高能的辐射源去轰击研究对象（某种原子构成的物质），轰击后的辐射源粒子会发生方向改变，并且会在观察屏上撞击诱发闪光反应。通过这些数据分析来实现对原子物质机构和属性的研究，如图 1.2 所示。

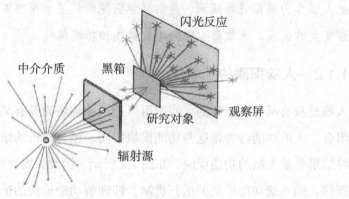

图 1.2　α 散射实验

使用具有较高能量的粒子，轰击要研究的对象（金箔），然后根据方向改变、闪光反应诱发的数据，来推测物质结构和属性。

（2）人脑黑箱探测思想

在脑科学研究中，黑箱思想方法，是以脑为研究对象的学科及其衍生学科所采用的普适思想方法，是理解脑科学实践方法的始点。这与脑科学研究实践研究的最初始点紧密相关，追随自然科学道路，借用、融合、大量采用自然科学方法，决定了其方法学的哲学根源与自然科学根源同根同源。

如图 1.3 所示，把一个外界的刺激信号，输入人脑，然后被大脑加工，诱发脑的各级生理、功能和编码响应。这些反应指标，在不同层次表现出来，如细胞水平、神经网络水平、行为学水平，通过这些反应就可以研究人脑的功能结构，研究脑的生理基础、神经编码、功能和属性。因此，人脑探测的基本方式，采用了自然科学研究的基本思想方法。

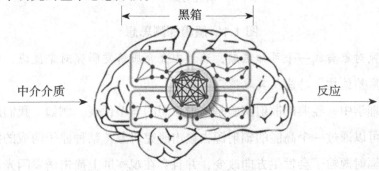

图 1.3　人脑探测本质

把人脑作为黑箱进行探测，是脑科学研究的最基本思想方法。通过中介介质和人脑发生的反应，来推测人脑的功能结构和功能属性。

1.1.2　人脑探测的基本任务

人脑是具有某种功能的脑。我们可以把人脑理解为具有某种功能的模块的联接与组合。人的功能行为是这些功能模块协同、整合运行的结果，这个系统运行的最终结果就是人脑的功能反应，如图 1.4 所示。因此，要理解人脑的功能反应，就要理解人脑系统功能模块的运行机制，即理解功能模块的运行、编码、功能、属性与协同关系。这些工作机制就构成了人脑加工的潜在规则，或者说是人脑运作的规律。

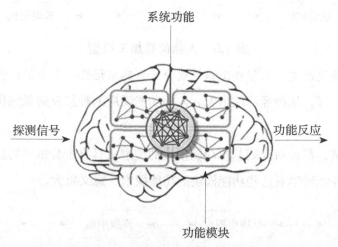

图 1.4　脑研究的基本任务

把人脑理解为具有功能模块结构的系统，脑功能的研究就转化为发现脑系统的基本模块和这些模块的功能。

这种功能逻辑关系表明，对人脑的研究具有两大基本任务：人脑功能的结构、人脑结构的功能。

（1）人脑功能的结构

人脑功能的结构：是指实现人脑的某种功能，需要人脑功能模块的参与。这些功能的模块，就构成了这种功能的结构。

（2）人脑结构的功能

任何一级的结构模块，都具有一定的功能。我们企图揭示宏观功能反应规则的同时，回答出这些功能模块的功能。它构成了对人脑功能反应的潜在理解。

因此，从功能研究角度出发，对人脑研究的基本任务是：功能响应的结构及其功能构成了脑研究的基本问题。所有脑科学研究的问题都是这一基本问题的反应，即都是这一基本论题的派生论题。

例如，在认知科学中，从心理功能角度出发，把人的信息加工分解为三级加工系统：感觉记忆、工作记忆和长时记忆，如图 1.5 所示。而工作记忆又被分解为语言环、视图画板、中央执行系统。

图1.5　人脑信息加工模型

从功能角度出发，人脑加工系统被分解为感觉记忆、工作记忆和长时记忆。

在医学领域，从神经功能出发，人的功能反应的神经反射弧结构被刻画成如图1.6所示。

这些尝试，都是对人脑基本功能模块的理解，具有十分重要的意义。而认知科学，尤其神经科学对这些功能模块的功能探索，意义重大。

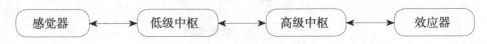

图1.6　人的神经反射弧

人的神经反射弧包括：感觉器、低级中枢、高级中枢、效应器。

1.1.3　人脑探测的系统论、还原论哲学

采用黑箱探测思想方法，以及脑科学探测任务的技术路线，决定了脑科学研究方法学的两大哲学基础不可避免：系统论哲学和还原论哲学。

系统论产生于素朴的系统概念，用以表示各个部分组成的整体，并力图把握系统的全体和部分关系及其确定的条理，在近代形成系统的科学体系，是一门研究现实系统或可能系统一般规律和性质的理论。

把人脑看成一个整体，每个功能模块也看成一个整体，都是在坚持系统论的思想。系统论方法，使我们忽略系统内部细节，而在整体水平上研究系统及其子系统的运作规则、属性。在一定程度上，使问题的复杂程度得到简化，方便了研究，系统论方法哲学是脑科学研究中必须坚持的基本方法哲学。

同时，对人脑进行研究，人脑系统被逐级分解为子系统，子系统又可以分解为更小的单位。人脑系统的行为就可以被理解为子系统的协同行为，即整体的功能被还原为更小的单位来理解，这种方法称为还原论方法，也称为约化方法，或

者约化论。约化论给我们指明脑科学研究中，如何把复杂系统进行简化的基本思路。因此，还原论哲学是脑科学研究中必须坚持的另一哲学基础，它和系统论哲学紧密相连。

1.2 脑电－眼动方法学的性质

学科性质是对学科本质属性及功能分类的界定。它通过学科的研究对象来决定学科体系结构、层次和构建学科体系方法。脑电、眼动的方法学，从属于实验方法学，具有自己的学科性质，即具有自身特有的学科分类和功能。探讨脑电、眼动的方法学属性，就是要厘清脑电、眼动方法学的分类和功能。本节，将继续循着上节提供的线索，开展这个问题的讨论。

1.2.1 科学研究实验分类

用于科学研究的实验，分为两类关键实验，自然观察实验和实验室可控实验。这两类实验，都是科学研究中重要的实验类型，具有同等重要作用。

（1）自然实验

自然实验，也称为自然观察实验，是科学研究中重要的类型之一。在任何实验学科的科学研究中，自然实验都占有重要的地位。例如，物理学中的天文学实验，是典型的自然观察实验。

在脑科学研究中，自然观察实验则是指：主试者给被试者输入信息，无任何人为操作、干预的情况下，保持被试者的自然加工，然后对被试者进行观察，获取实验数据。自然观察实验是心理学研究中重要的研究方法。

以脑为研究对象的科学中，这种方法具有很多优良特性，被生态心理学广泛采用。即便是实验场的选择方面都应该尽量靠近真实环境，以揭示现实生活中人们真正的心理状态。自然实验具有以下优点和缺点：

在自然观察条件下，所有现象进行过程，都不受干预，保持了较高的生态效度，实验数据具有很高的可信度。自然观察方法获得的数据，是实验室可控实验的有益补充。自然观察的实验，实验因素难以控制，这就为动理、动力因素分析带来困难。进而影响到实验结论的可靠性。

（2）科学实验

实验室可控实验，也称为科学实验。它是有逻辑的、系列测试及其伴生误差的流程总和。在实验室环境中，通过变量控制，以线性方法解释自变量与因变量之间的关系，以求达到实验效度。这种方法，强调内在效度与外在效度的达成与统一。

因此，实验室可控实验，具有重要的特征：可重复性。

可重复性是指测试条件、测试流程、测试结果必须可再现。即设定同等实验条件，实验现象会重复出现。可重复性是科学实验的本质特征，也是科学实验内在效度和外在效度的可靠保证。可重复性是实验结论可检验的依据。

1.2.2 脑电、眼动实验类型

在脑电、眼动科学研究中，同样也存在着两种对应的实验类型：自然观察实验（静息实验）和实验室可控实验。

（1）静息实验

静息状态是生物学上的一个状态，是指在生物体没有受到刺激的情况下，生物体所处的状态。在脑电研究中，参与者无须执行任何认知任务，头脑处于自然放松状态。这时只要对大脑进行数据扫描。这种实验，无须复杂的实验设计，应用比较方便，具有很高的生态效度。人脑的睡眠周期及其发现，是典型的脑电静息实验。

【知识链接】

睡眠周期

人脑在自然状态下的睡眠行为，是一种特殊的静息状态。在这种状态下，人脑表现出特殊的生物周期性行为。睡眠周期，是人脑睡眠时，表现出来的一种生物节律现象。依据睡眠过程中，眼动与否分为：非眼动睡眠和眼动睡眠。非眼动睡眠阶段，人的眼球不发生任何活动，肌肉活动较清醒时减弱，不伴随剧烈的眼球运动，又可分为四个阶段：Ⅰ、Ⅱ、Ⅲ、Ⅳ期非快速眼睡眠。当人脑快要苏醒时，眼球开始运动，并开始做梦，这个阶段属于快动眼睡眠即 REM 睡眠期，虽然它仍属于睡眠阶段，但与非快动眼睡眠不同。此外，不同的睡眠阶段呈现周期性的变化，如图 1.7 所示。

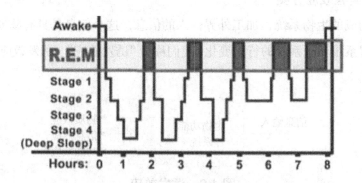

图 1.7 睡眠周期

横坐标表示时间，纵坐标表示睡眠的阶段。

（2）脑电、眼动可控实验

在脑电、眼动实验研究中，最大的一类实验是实验室可控实验。这类实验的典型代表是"事件相关实验"。给被试者输入刺激，并采用实验测量学技术、随机过程技术，记录与事件相关的脑电、眼动。然后通过特殊方法提取与事件相关的脑电、眼动，也称为事件相关脑电位和事件相关眼动。这类实验，需要遵循严格的实验设计方法、实验测量方法和实验数据提取方法。因此，可重复性比较强。在脑电、眼动研究领域，占有重要的地位。

ERP 实验是脑电领域研究中一类重要可控实验。通过反复输入的刺激，促发脑反应，利用多次反应的脑电信号，获取 ERP 信号，如图 1.8 所示。

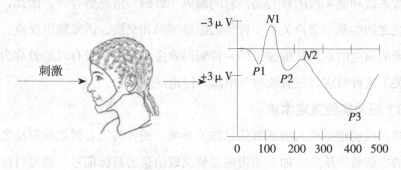

图 1.8 ERP 实验

1.2.3 脑电、眼动方法的功能

（1）实验效应分类

由脑构成的生物系统，加工外界输入的信息，这个信息是具有物质载体。由此诱发心智系统和子系统的行为变化，我们称为"诱发效应"。诱发效应分为3类，如图1.9所示。

信息输入 → 生物功能系统 → 物质效应、信息效应、功能效应

图 1.9 诱发效应

信息加工诱发3类效应：物质效应、信息效应、功能效应。

① 物质效应。信息的输入，导致系统的物质和能量对外交换。由于这个交换由信息输入诱发，这个效应我们称为"物质效应"。物质效应表现为心智系统的物理环境、化学环境变化，以及系统与外界的物质交换。

② 信息效应。心智系统内在行为是以信息为载体的加工行为，信息输入诱发内部信息加工，信息编码、解码、通信等行为改变。这种效应我们称为"信息编码效应"，或者"信息效应"。

③ 功能效应。心智系统具有生物学功能，当输出信息时，在功能水平，会显示系统的行为变化。这种效应我们称为"功能效应"。

（2）脑电实验效应本质

心智系统功能实现的核心是信息的编码、解码、信息整合等。因此，信息构成了系统之间的基本交换关系。神经的信息编码和交换，诱发脑电反应。因此，我们记录的脑电的本质是脑加工的一种编码效应。脑电信号有时也被称为电生理信号。关于这种效应将在后续章节中深入讨论。

（3）眼动实验效应本质

同样，眼动则是在人脑低级信息加工系统，或者高级心智系统驱动之下，心智系统的功能效应反应，如主动指向需要获取信息的目标信号。通过目标信号的锁定，获取人脑加工的信息。这种效应将在后续章节中深入讨论。

1.3　脑电、眼动方法发展历史

脑电和眼动都有着自己独立的发展历史，清晰而有条理。这两类方法，在实践中，都依赖丰富的神经科学知识、技术学和测量学。本节，将对这两类方法的发展历程和知识体系的时间发展进程做简要概述。

1.3.1　脑电方法历史概述

脑电研究最早源于人类早期的电生理研究，最终发展成为现代脑科学研究的常用方法。脑电方法应用的历史，也是脑电方法学发展的历史。每次关键方法的引入，都促进了对脑活动理解的深入。

1875 年，英国物理学家 Richard Caton（见图 1.10）以动物（兔子和猴子）做被试对象，第一个记录了活体脑的电脉冲活动[3]。以此为起点，掀起了一系列以动物作为被试研究脑功能的热潮。这些标志性人物有：Adolf Beck，Vladimir Vladimirovich Pravdich-Neminsky，Napoleon Cybulski，Jelenska-Macieszyna 等。

图 1.10　Richard Caton（1842—1926 年）

Richard Caton，英国人，医学博士，利物浦皇家医务室医生和生理学讲师。利物浦医学学会创立人，利物浦医学学会首届会长（LMSS）。1875 年，Richard Caton 在活体家兔大脑皮质表面，安放 2 枚电极，并用电流计连接，观察到电流通过。由此判断这种电活动与脑的功能有关。从此，开辟了以动物为被试研究脑功能的热潮。这类研究为 Hans Berger 发现大脑 α 波活动奠定了基础。

1924 年，德国生理学家 Hans Berger 第一个以人脑作为测试对象，记录了人脑脑电，并发明脑电波记录装置。开启了通过脑电方法，研究人脑活动的时代，从此人脑脑电研究方法得以迅速发展和丰富。

1924 年，Hans Berger 首次记录了人脑的脑电活动，并发现了 α 波，也称为 Berger 波。通过使用脑电图，第一个描述在正常和异常的大脑，发现 α 波节奏（7.812~13.28Hz）。并第一个研究和描述脑疾病者的脑电图性质改变（如癫痫患者），如图 1.11 所示。

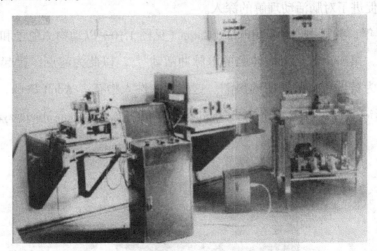

图 1.11　Hans Berger 的脑电实验装置

在脑电发展过程中，关键性的事件如表 1.1 所示，到现在为止，脑电已经发展成为相对较为完善的技术[4]。

表 1.1　脑电方法学发展大事年表

时间	姓名	说明
1875	R.Caton	首次探测到动物头皮的波动电位，并指定其为 EEG
1924	H.Berger	首次测量人类的 EEG
1929	H.Berger	在《精神病学和神经眼科档案》杂志上，首次发表关于人类 EEG 的论文
1932	J.T.Toennies	第一个油墨记录生物放大器
1932	J.Dietch	首次将傅里叶分析应用于人类脑电
1934	F.Gibbs	第一次将脑电系统地应用于癫痫病的研究

续表 1.1

时间	姓名	说明
1935	A.L.Loomins	第一次系统地将脑电应用于睡眠研究
1936	W.G.Walter	发现大脑存在肿瘤时的慢波活动（delta 波）
1942	K.Motokawa	首次绘出脑电的大脑分布图
1943	L.Bertrand 和 R.S.Lacape	第一本脑电建模的书出版
1947		美国脑电协会成立
1947	G.D.Dawson	首次证明了人类的诱发电位响应
1949		第一本脑电杂志《脑电和临床神经生理学》出版
1952	A.Remond&F.A.Offner	首次对枕叶进行脑电分析
1952	M.A.B.Brazier 和 J.U.Casby	引入自相关和互相关函数
1955	A.remond	脑电地形学分析应用
1958	H.Jasper	为使电极放置位置标准化引入 10/20 系统
1960	W.R.Adley	引入快速傅里叶变换（计算机化的谱分析的开始）
1961	T.M.Itil	将脑电分析应用于神经药物的分类
1963	N.P.Bechterva	通过脑电定位大脑局部损伤
1965	J.W.Cooley 和 J.W.Tukey	引入快速傅里叶算法
1968	D.O.Walter	对人类脑电引入相干分析
1970	B.Hjorth	发现一些新的定量方法，包括溯源推导
1971	D.Lehmann	首次做出人类 α 波脑区的多导地形图
1973	M.Matousek 和 L.Petersen	年龄校正的脑电谱参数用于检测病理（qEEG）
1977	E.R.John	引入神经计量（标准化常模的数据库的 qEEG 分析）
1978	R.A.Ragot 和 A.Remond	脑电区域图
1979	F.H.Duffy	引入脑电活动图

1.3.2　眼动方法历史概述

中世纪早期，出现了生理心理学，成为一门特殊的实验科学。当时阿拉伯人改良了观察仪器，把数学和实验光学与解剖学结合起来，发展了视觉理论。同时，许多视觉实验方法和实验仪器也被迅速用于心理学研究。这一时期最有代表性的是 lbn Al-Haytham 的著作 *Kitabal AL Manazir*，这是第一部生理光学手册。该书详细描述了眼睛的结构和视觉系统的解剖特点，并提出了中心视觉和边缘视觉的理论。

在眼动研究的历史开端，人类开始意识到眼运动的作用。由于受到当时哲学思想的影响，在之后的 8~9 个世纪里，眼动的研究领域一直沉寂。直到 19 世纪，Charles Bell 和 Johannes Muller 这两位现代生理学的奠基人发表了一系列专论眼动的论文，才使得这一领域重放异彩。首先 Muller 发现了视旋转，即眼球以视轴为中心的中央旋转。后来 Hueck 对此进行了系统研究。他试图揭示头部转向一侧的运动以补偿眼睛在相反方向上的旋转规律。Volkman 首先尝试对眼动的速度进行测量。他还验证了眼睛水平运动比垂直运动的速度快，单眼运动比双眼运动快。在这些研究中最能表现研究者的创造精神和聪明才智的就是眼动实验方法的不断创新。

眼动的发展经历了从初期的表象特征观察技术到精确的测量记录研究，最终发展成现代眼动技术。从眼动的整个发展历史来看，眼动技术的测量方法有：

①观察法。包括直接观察法、镜像观察法、窥视孔法、后像法等。②机械研究方法。包括声鼓法、气动法、角膜吸附环状物法等。③现代眼动研究与记录方法。包括光学记录法（反光记录法、影视法等）、电流记录法等。

（1）眼动自然观察法

眼动研究早期的常用形式是自然观察法。让被试者在自然的情境中阅读或观看，过程中不对其进行任何干扰。自然观察法又包含多种表现形式：直接观察法、后像法等。

① 直接观察法

法国科学家 Landolt（1891 年）使用直接观察法，研究眼动[1]。即利用肉眼，直接观察人们在阅读不同类型文章时的眼动。实验时在被试者的面前放一面镜子，主试者站在被试者后面，由镜子里观察被试者的眼动。这是眼动研究史上第一个实验证据。

② 后像法

William Charles Wells（1792 年）使用后像法，研究眼动。利用闪光灯的高亮度闪光产生的视觉后像来研究人的眼动，是一些早期眼动研究常用的方法。注视屏幕上的标记一个点，同时观察后像相对于这个参考点的运动情况。强光刺激物在视网膜上的后像，在视网膜上位置是不变的。眼睛移动时，外界视觉场景发生移动，相对于视觉场景，后像就会发生移动。眼睛固视时，视觉场景也是静止的，后像不移动。

（2）眼动机械记录法

眼动机械记录法利用角膜为凸状的特点，通过一个杠杆传递角膜运动。这种方法依靠眼睛与记录装置接触连接实现传动，来观察和记录眼动。

① 头部支点杠杆法

头部支点杠杆法使用杠杆来传递眼球运动情况。杠杆的支点固定在被试者的头部，杠杆的光滑一端以轻微压力接触已被麻醉过的眼球表面（角膜）。另一端在运动的纸带（记纹鼓）上记录下眼动轨迹模式曲线。[2]

② 气囊法

Schackwitz（1913 年）利用同样机械原理，在眼镜架上安装一个小橡皮气囊，使其轻靠眼睑。气囊开口端接两个管子，一个铜管，一个橡皮管。橡皮管一端接到乙炔的蓄气池里，铜管一端开放。这样，乙炔气体会从铜管一端释放出来，用火点燃，形成乙炔焰。眼球动时，挤压气囊，乙炔气体加速排出来，增大的火焰会在滚动气鼓的纸带上留下烟圈，由此记录眼动，如图 1.12 所示（T_1 为橡皮管，T_2 为铜管，R 为气囊）。

图 1.12　气囊记录方法

眼动时，眼动导致气囊气压变化，驱动铜管内气压变化，从而驱动与之相连接的记录装置。

③ 机械杠杆法

Edmund Huey（1898 年）研制出一种较为原始的眼动记录装置[3]。将一个胶质环状薄片贴在角膜上，环状薄片由细棍或线通过一个杠杆支点与铝制的记录指针相连接。当眼动时，指针就会随着一起运动，并把运动的轨迹记录在烟鼓的纸带上。

后来他改进这个装置，用通电的感应线圈来代替杠杆支点，通过眼动时诱发的电火花将眼动轨迹记录到烟鼓上。Huey 声称这个改进后的装置是无害的。但是做这个实验时仍需要麻醉被试者的眼球。

通过实验他发现，在一个句子里，有一些单词被试者从来没有注视过。Huey 于 1908 年出版了《阅读的心理学与教学法》一书，书中介绍了他观测到的阅读中的眼动形式[11]。

（3）光学记录法

① 反光记录法

将一面小镜子附着在眼球上，光线射到镜子上又反射回来，反射光线便随着眼球的运动而变化，将这一变化记录在记纹鼓上，即可得到眼动的曲线。Marx（1911 年）在实验中把镜子粘在光滑的铝制环状物上，再将环状物和镜子一起附着在角膜上。Adler 直接把一个直径 3mm 的薄镜片附着在巩膜上。Ratliff 和 Riggs（1950 年）则让被试者戴上一片接触镜片，类似于现在的隐形眼镜。实验时，把接触镜片放置在眼睑内部，扣在角膜上面。在接触镜片贴上一面小镜子，当被试者发生眼动时，小镜子也随之运动，于是反射的光线便可在记纹鼓或照相底版上记录下眼动曲线。[2]

② 双普氏像方法

普氏像（Purkinje image），又称为 Purkinje-Sanson 像，以解剖学家 Purkinje 和物理学家 Sanson 的名字共同命名。

人的眼球由屈光介质不同的结构组成，折射率也不相同。当光线进入眼球时，在各个结构界面，就会形成多个反射面：眼睛角膜前、后表面，晶状体前、后表面。前三者成凸面镜，后者为凹面镜。

光源经眼球 4 个反射面反射，形成 4 个图像，称为 Purkinje 图像。第一个和第四个位于同一个焦平面上。根据凸面镜和凹面镜反射规律，前三者形成的是虚像，第四个 Purkinje 图像是一个倒立的实像。四个 Purkinje 图像亮度并不完全相同。Purk 对亮度可以通过 Fresnel 反射方程来计算。

通过测量第一和第四个 Purkinje 图像的相对位置，可以确定眼注视位置[4]。这种记录眼动的方法，称为双 Purkinje 像方法（Dual-Purkinje-Image technique，DPI）。

但是，第四个 Purkinje 图像亮度非常弱，这给探测带来了困难。因此，试验时，往往需要严格控制环境光。

③ 摄像法

通过摄像技术，获取眼球运动时的图像，根据计算机图形学，计算出眼动运动的数据。摄像法是眼动技术中非常重要的方法。1902 年，Dodge 和 Cline 发展了角膜反光拍摄方法[5]。记录阅读时水平眼动路径、眼动角速度[11]。

Ratliff 和 Riggs（1950 年）进一步发展了角膜反光成像记录法：在被试者佩戴的隐形眼镜外表面上，贴上一个小反光镜。用光源照射镜子，经反射到感光底片上。眼动时，小反光镜也随之运动，反射光线在感光底片上运动，记录下反射光线运动轨迹，也就是眼动轨迹[3]。

后来 J. F. Mackworth 和 N. H. Mackworth（1958 年）创造了电视摄像眼动记录法：首先用电视摄像机记录下刺激景物（被观察的对象），然后通过电视机播放。被试者观看时，使用另一个摄像机记录角膜反射光源，作为眼动记录。最后将两路信号（景物摄像机、眼动摄像机）同时输入一台电视机，就可以看到眼动与景物叠加图像[3]。用该方法研究被试者观看图像、数字和仪表时的眼动情况，获得了较好的效果。

Shackel（1960 年）进一步发展了这种方法：把景物摄像机安装到被试者的头顶，这样被试者就可以自由地观看周围景物，同时把被试者看到的景物拍摄下来。被试者的眼动通过眼电记录法，以示波器呈现，并用摄像机拍摄示波器上光点的运动，作为眼动的记录[3]。将两路信号合并，Shackel 获得了观看自由运动时的眼动记录。

④ 电流记录法

1848 年，Emil du Bois-Reymond 发现，眼球角膜前端带正电，这为眼电记录提供了基础[6]。1936 年，Mowrer, Ruch and Miller 进一步提出：眼睛角膜和视网膜部位的代谢速率不同。角膜代谢率较小，视网膜代谢率较大。因此，角膜与视网膜之间存在电位差，角膜为正极，视网膜为负极[7]。这样，眼球就可以简化为一个偶极子矢量。偶极子用偶极子矢量来描述：由负电荷指向正电荷，大小等于正电荷量乘以正负电荷之间的距离。当眼球旋转时，眼球偶极子矢量的指向发生变化，引起眼睛周边皮肤电位变化。Mowrer 等发现：眼球对应的偶极子是引起 EOG 变化的主要原因[7]。

因此，通过电学方法，记录眼电：在眼睛两侧放置两个电极，眼睛注视正前方时，所测电位差作为基准电位。当眼睛做垂直或水平运动时，电位差会发生变化，记录两个电极之间的电位差值，这样就可以研究眼睛运动变化。这种方法就是眼动的电学记录方法（Electro-oculography，EOG）。

1939 年，Jun 运用 EOG 同时记录到眼睛运动的水平和垂直分量[8]。这在眼动记录史上是一巨大进步。

⑤ 电磁感应法

在隐形镜片上装上环形探测线圈，置入被试者的眼睛并紧密结合。并在眼睛外侧环绕眼球方向，加一磁场。眼睛运动时，驱动环形探测线圈在磁场中做切割磁力线运动，线圈中产生电压，即电磁感应法（Scleral search coils），它是眼动研究中常用的方法。[9]该方法，通过眼睛旋转的方向、角位移和电流方向、幅度之间的相关关系，精确测量水平和垂直方向的眼动位置。它是眼动记录方法中，精度最高的方法，主要用于动物眼动研究。后来 Collewijn（1975 年）发明了一种由硅橡胶制成的柔性强的小环，它可以戴在眼的边缘，探查线圈装在环中。它的发明是电磁感应法的一大进步[10]。

参考文献

[1] 闫国利，田宏杰.眼动记录技术与方法综述 [J].应用心理学，2004（2）：55-58.

[2] 韩玉昌.眼动仪和眼动实验法的发展历程 [J].心理科学，2000，23（4）：454-457.

[3] Caton, R. Electrical currents of the brain [J]. The Journal of Nervous and Mental Disease, 1875, 2（4）: 610.

[4] Swartz, B.E. The advantages of digital over analog recording techniques [J]. Electroencephalography and clinical neurophysiology, 1998, 106（2）: 113-

117.

［ 5 ］荆其诚 . 国外眼动的应用研究［ J ］. 心理科学，1964（01）：29-46.

［ 6 ］N.，C.T. and C.H. S. Accurate 2-dimentsional eye tracker using first and fourth Purkinje image［ J ］. Journal of the Optical Society of America，1973，63：921-928.

［ 7 ］Dodge，R. and Cline，T.S. The angle velocity of eye movements［ J ］. Psychological Review，1901，8（2）：145.

［ 8 ］du Bois-Reymond，E. Untersuchungen über thierische Elektricität［ J ］. Annalen der Physik，1848，151（11）：463-464.

［ 9 ］OR.，M.，R. RC.，and M. NE. The corneoretinal potential difference as the basis of the galvanometric method of recording eye movements［ J ］. Am J Physiol，1936，114：432.

［ 10 ］Jung，R. Eine elektrische Methode zur mehrfachen Registrierung von Augenbewegungen und Nystagmus［ J ］. Journal of Molecular Medicine，1939，18（1）：21-24.

［ 11 ］Robinson，D.A. A Method of Measuring Eye Movemnent Using a Scieral Search Coil in a Magnetic Field［ J ］. Bio-medical Electronics，IEEE Transactions on，1963，10（4）：137-145.

［ 12 ］Eggert，T. Eye movement recordings：methods［ J ］. Developments in Ophthalmology，2007. 40（R）：15.

［ 13 ］高闯 . 眼动实验原理：眼动的神经机制、研究方法与技术［ M ］. 华中师范大学出版社，2012：147-149.

第2章　脑电 – 眼动同步实验系统

方法学的体系包含三个层面：哲学的方法学、自然或者社会科学的方法学和学科的方法学。哲学的方法学适用于所有学科，是具有普遍意义的思想方法。自然科学和社会科学方法，分别以物质和社会为研究对象，发展了具有各自特色的方法学。这两种体系具有融合的态势。学科方法学则是具体到更加精细的研究对象而发展起来的方法学。

第 1 章我们在哲学方法学层面，确立了脑电 – 眼动方法学的哲学前提，并确立了脑电 – 眼动方法学是整个脑研究方法学中的重要环节，讨论了脑电 – 眼动实验方法学的学科性质，厘清了脑电 – 眼动方法学和方法学之间的逻辑关系。哲学方法学为我们奠定了采用脑电 – 眼动方法研究脑的思想路线。

随之的问题是要在第二层面构建脑电 – 眼动的方法学。由于心理科学的实验方向，源于自然科学方法在心理学领域的实践。我们并不认为在这个层次具有区分性。因此，我们直接进入第三层面的讨论。

简言之，要在实践层次构建脑电 – 眼动的方法学实践体系，即建立脑电 – 眼动分析方法的实验方法学。我们的思路是，首先建立一个普适性的脑电 – 眼动实验的理论结构。这个逻辑结构就是脑电 – 眼动实验方法学的内在逻辑路线。逻辑路线贯穿了脑电 – 眼动实验本身，形成一个系统，也就是脑电 – 眼动同步实验系统，这是本章命名的原因，也是本章讨论的重点。

2.1　脑电 – 眼动同步测试系统

把实验过程理解为一个受控系统，这个系统我们称为实验系统。对脑电 – 眼动同步实验而言，也就是脑电 – 眼动同步实验的控制系统。采用系统科学观念，我们就可以分析这个系统结构的组成和关联[1]。本节，将以这种思想为指导，分析脑电 – 眼动同步实验系统。

2.1.1　脑电 – 眼动同步系统要素

任何实验都是一个系统工作的设计，涉及多学科知识。脑电 – 眼动同步实验也不例外，从普适的实验系统方法学出发，以脑电 – 眼动同步技术为系统的实验系统构成，如图 2.1 所示。包括 3 个关键环节：主试者、被试者和实验方法。如果把实验环境考虑进去的话，还可以理解为 4 个环节，或者说 4 个要素。这些要素构成了实验系统的基本要素，或者是实验系统的基本功能单位。这些要素（单位），在实验系统中有不同的功能，保证实验系统可控和有效运行。任何一个环节，都有可能影响系统性能。

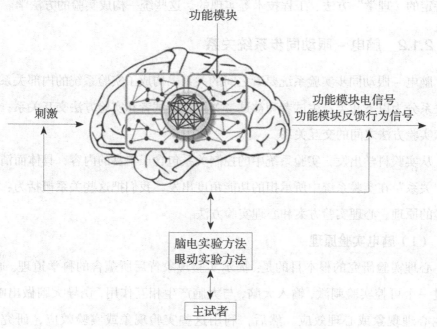

图 2.1　脑电 – 眼动同步技术系统

把脑电实验看成一个系统，包含三个环节：主试者、被试者、脑电—眼动实验方法。它们之间的关系构成了脑电—眼动同步系统的关系。

（1）主试者

主试者是脑电 – 眼动同步实验流程测试的操纵者，主试者的脑电 – 眼动同步方法学的经验、实验方法学经验和技术，会影响脑电 – 眼动同步实验的设计质量，并影响脑电 – 眼动同步实验系统的工作效能，是脑电 – 眼动同步实验系统的关键因素之一。

（2）被试者

被试者是脑电 – 眼动同步实验中的测试对象。被试者的状态（或者说脑状态）、实验操作中的外界因素、环境因素等都会对被试者产生影响。因此，脑电 – 眼动同步实验测试的被试者，是脑电 – 眼动同步实验测试系统的关键环节之一。

（3）实验方法

脑电 – 眼动同步实验属于可控实验，可控的方向包括：刺激可控、被试者可控、主试者可控、实验数据记录可控、实验室环境可控。这些可控实现，都是通过特定的"理学"方法、工程技术等实现的。这些统一构成实验的方法学。

2.1.2 脑电 – 眼动同步系统关系

脑电 – 眼动同步实验系统要素之间的关系，构成了实验系统的内部关系。这些关系分为以下几类：主试者和被试者关系；被试者和实验方法交互关系；主试者和实验方法之间的交互关系。

从实验科学出发，实验系统中的控制关系包含了丰富的内容，具体而清晰。从"关系"在实验系统中所承担的功能角度出发，我们把这些关系概括为：心理实验的原理、心理实验方案和心理实验方法。

（1）脑电实验原理

心理实验研究的根本目的是：揭示实验现象背后所蕴含的科学道理。通常，通过一个可控实验刺激，输入大脑，与大脑产生相互作用，诱导大脑做出响应，产生心理现象或心理效应。然后，利用这些实验现象或实验效应，研究刺激所包含的物理、心理变量和大脑之间的相互作用关系，揭示大脑的结构和功能[2]。

我们把"刺激和诱发效应之间的相互作用本质"定义为实验原理，它是推测脑加工的基础，如图 2.2 所示[3]。具体来讲，脑电实验原理的本质是：通过刺激诱发脑功能模块，导致神经细胞编码反应，促发锥形细胞产生电极震荡辐射，获取电信号。通过这个电信号效应，推测大脑加工规则。探测的加工规则往往构成了我们研究的假设和假说。

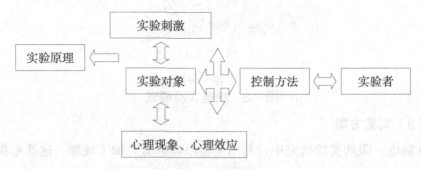

图 2.2　实验原理

输入人脑的实验刺激诱发人脑做出反应。实验刺激与人脑诱发的效应的相互作用机制，就是实验原理。

反映到心理实验的控制系统上[4]，则是：实验刺激对大脑的相互作用方式和作用效应。

（2）眼动实验原理

与脑电的实验原理不同，眼动的信号并不是电生理信号。它是通过刺激，诱发不同眼动神经通路，诱发眼动反馈反应。通过眼动反馈反应，获取大脑上信息加工规则和反应规则。所有的眼动实验，都是通过操纵眼动反应，来理解脑的加工情况。

通过一个可控实验刺激，输入大脑，与大脑产生相互作用，诱导大脑功能模块做出编码反应，并诱发皮层锥形细胞电震荡辐射。通过电震荡辐射来推测脑加工。这构成了脑电的实验原理，如图 2.3 所示。

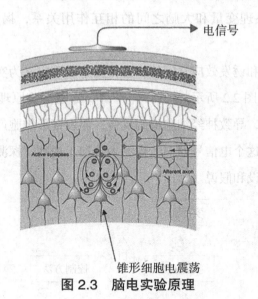

图 2.3　脑电实验原理

（3）实验方案

在脑电、眼动实验研究中，利用实验原理来研究加工规则，这就是我们在实验研究中的假设和假说。围绕假设和假说的实现，我们要进行假说证明的"理学"逻辑设计，即问题证明的数、理逻辑设计，我们称之为"实验方案"，如图2.4所示。

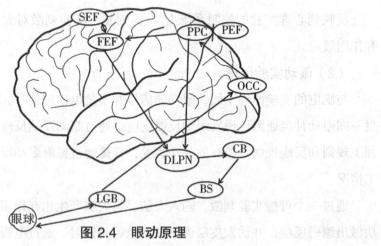

图 2.4　眼动原理

大脑对输入的信息进行加工反应，然后对信号进行反馈，驱动眼球，获取眼动的反应信号。

（4）实验方法

实验假设和假说方案的实现，必须在实践层面进行。因此，方案的各个环节在实现过程中，每个环节做遵循的规则和技术，我们称之为实验方法。实验方法包含以下两个层面。

① 实验数、理的理论及原理

实验方法，是建立在科学理论基础之上，如物理、化学等。脑电记录部分建立在物理学"电偶极子"辐射理论；偶极子的提出又建立在神经科学对神经细胞编码的简化；被试者选取建立在实验误差理论。这些理论构成了脑电方法学的数理原理。同样，眼动的方法学是建立在眼动神经回路之上，通过眼动回路揭示人脑加工的信息。

② 实验工程技术及其原理

实验测试的实现依赖工程技术，在脑电方法学中，脑电信号提取，依赖生物学的放大器。脑电的放大器是一项工程技术，它的工作原理包括：信号放大、差动放大电路排噪。这些工程技术，是实验探测的可靠保证，构成了方法学的物质基础。通常，工程技术以仪器、软件的形式出现。眼动则是根据计算机图形学，计算眼球的光轴和视轴。通过视轴和显示器之间的几何关系，来计算眼球注视的空间位置。

在心理实验科学中，实验的系统通常包含 3 套子系统：实验刺激呈现系统、实验数据采集系统和实验数据分析系统。眼动和脑电实验系统无疑也包含上述 3 个系统。这些系统，将在下节进行阐述。

在国际上，脑电、眼动系统不同，性能指标也不同。这些指标也就是仪器系统指标，影响着实验的测试效果。例如，仪器精度、仪表性能、器材工艺等技术条件。

例如 ,Eye link 眼动跟踪系统是业界普遍使用的眼动系统。具有优异的解析度，噪声＜ 0.01 度，采样率可以达到 200Hz，这种性能使得该系统的速度噪声非常低，是理想的眼跳分析和眼动追踪工具。此外，实时地注视位置数据传输的延迟只有 3ms，所以很适合注视跟随的显示。

对于脑电系统而言，Neuro scan 系统是一款获得普遍认可的产品。其记录电极可以达到 256 个，并实现同步采集，采样率达到 20 000Hz。其具有时间锁定功能，确保系统中所有通道无相位偏差。

2.2　脑电－眼动同步系统技术构建

在工程学上，如何构建完整的脑电－眼动同步技术系统，是脑电、眼动实践中经常困扰业界的问题。这种系统构建，包含了实验的方法学、工程学、物理学、心理学、计算机科学等，复杂、专业，因而极具挑战。脑电－眼动同步测试系统构建，必须遵循方法学路线。忽视这个系统中的任何一环，都将会造成整个系统性能下降。因此，本节，将讨论在建立脑电测试系统中，如何架构同步测试实验系统，这是本节关注的核心问题。

2.2.1　脑电－眼动同步技术系统组成

脑电－眼动同步实验系统，包含 4 个组成部分：①刺激呈现系统。②数据记录系统。③监控系统。④数据处理与管理系统，如图 2.5 所示。

（1）刺激呈现系统

刺激呈现系统主要负责刺激呈现，并在刺激呈现的同时，向脑电记录电脑、眼动记录电脑"同步"发出时间指令，用以在眼动数据、脑电数据上标记刺激出现的时间位置，为事件相关数据提取奠定基础。

同步是眼动—脑电同步系统的基本要求。刺激系统同步向脑电记录电脑、眼动记录电脑发出时间指令是后续分析同步数据的可靠保证。

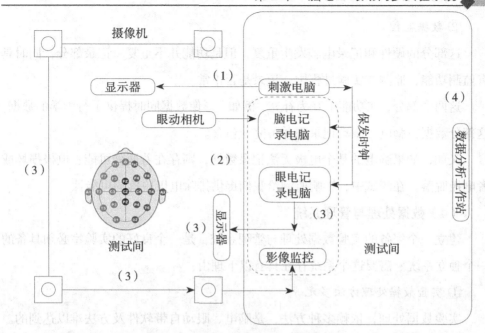

图 2.5　脑电 – 眼动同步实验系统

同步系统包含四大系统：①刺激呈现系统；②脑电、眼动数据记录系统；③监控系统；④数据分析与备份系统。

（2）数据记录系统

脑电 – 眼动同步实验系统的记录系统，包含两个记录系统：脑电记录系统和眼动记录系统。这是两个分开的记录系统。因此，在记录实验数据时，相互之间的数据并不相互影响。在实践中，这也保证了实验数据的可靠性。

刺激呈现系统和数据记录系统是脑电 – 眼动联合同步实验系统的核心，缺一不可。

（3）监控系统

监控系统是对整个实验系统良好运行情况监测而设置的系统，这个系统包含以下两个部分。

①影像监控

影像监控一般设置在测试间，足以保证对被试者进行观察，并保证不会出现监测"死角"。

② 数据监控

这部分的硬件和记录电脑发生重复，但是功能并不重复。记录部分，同时具有监测功能，监测在实验过程中，记录是否正常。

这两个部分，在功能上互为补充。例如，影像数据同时提供了行为学的数据，这部分数据在脑电、眼动记录中并不完全包含。

又如，如果脑电的某个电极无法记录数据，则存在着两种可能：电极损坏或者电极脱落。在测试中，影响监测给我们提供排除电极脱落的可能性。

（4）数据处理与管理系统

建立一个完备的实验数据处理与管理系统，是一个良好的实验室必须具备的一个独立系统。需要这个系统存在具有以下理由：

① 实验数据处理方法多元

实验数据处理，依赖多种方法，是脑电、眼动自带软件及方法难以达到的。这种情况下，必须依赖第三方软件或者方法。特殊情况下，有些数据量运算巨大，如采用数据挖掘方法、混沌统计等。需要独立的计算机运算系统予以支持。

② 实验数据备份

任何实验数据都需要备份，以防备实验数据的损坏、丢失或者备查。因为计算机系统都存在损坏的可能性。

③ 实验数据管理

数据是一个实验的公益财产，任何实验室成员都应具有分享的权力。此外，实验室数据还兼具有备查、追踪数据等要求，只有在把实验室数据进行管理的情况下，才有可能实现这些功能。

2.2.2 脑电－眼动同步控制

脑电仪和眼动仪采用不同的数据传输端口，这使得将眼动和脑电技术联合使用成为可能。例如，Eyelink1000 眼动仪是采用以太网数据传输端口，而Neuroscan 脑电仪则采用并口的 H378 端口。这样，实验时刺激器就可以同时通过这两个端口向眼动仪和脑电仪接收来自它们的数据和信号。

（1）脑电－眼动同步触发

其基本原理是：用一台刺激器呈现物理刺激，并通过编程来同时实现与眼动系统的数据交换，向脑电系统发送 TTL 脉冲，实现事件标记，形成事件相关电位（ERP）。

其具体做法是：将刺激器所使用的计算机通过网络数据线与眼动系统计算机连接起来，同时通过并口数据线与脑电系统的计算机连接起来。在心理学实验中，刺激的呈现通常是使用计算机程序来实现的，在刺激呈现的同时，将驱动脑电系统和眼动系统的接口代码（由相应的脑电仪和眼动仪厂商提供）编码到刺激程序中。这样，就可以同时记录到实验中被试者的电生理数据和眼动的行为数据。

市面上许多心理学实验软件都提供了驱动脑电和眼动系统的程序编码，如常用的 E-Prime 和基于 Matlab 平台开发的心理物理包（psychtoolbox）。这里推荐心理物理包，首先是开源的，只要有一定的编程基础便可以在它的基础上做些改动来实现特定的实验目的；其次是免费的，当然 Matlab 可能需要购买；最后 Matlab 的底层架构是通过 C 语言来实现的，可以实现高精度的时间需求。

当然如果有较好的编程功底，也可以使用 C、C++等编程语言来实现实验程序。这样不仅能达到精确的刺激呈现定时和空间位置，而且也可以同时触发脑电系统和眼动系统。

知识链接

同步促发案例

同时向眼动和脑电进行同步促发的软件有很多，例如 Presentation、Psychtoolbox（心理物理包）和 EPrime。下面是 Presentation 软件中，同步促发两个系统的源程序。

```
# increase default duration of trigger pulses （to 6 ms）
pulse_width = 6;
# define parallel port
output_port myparallelport = output_port_manager.get_port（1）;
# create eyetracker object （hex code is vendor-specific）
```

```
eye_tracker myET = new eye_tracker（"{FF2F86B9-6C75-47B7-944F-
2B6DECA92F48}"）;

myET.set_recording（true）;

# beginning of experiment: send unique start trigger（or message）to ET & EEG

myparallelport.send_code（100）;

myET.send_string（"MYKEYWORD"+ string（100））; # only needed for
method 2

# [ …code of actual experiment… ]

# end of experiment: send unique end trigger（or message）to ET & EEG

myparallelport.send_code（200）;

myET.send_string（"MYKEYWORD"+ string（200））; # only needed for
method 2

myET.set_recording（false）;
```

（2）脑电－眼动的事件相关

脑电、眼动实验设计通常涉及反复测量（这里要区分它与纵向设计中的反复测量的区别），即使用同一刺激反复呈现给同一被试者，以诱发其事件相关电位（ERP）或与事件相关的眼动[7]。这种实验设计也是脑电－眼动联合技术得以实现的基础。

在心理学实验中，刺激的突然出现或者刺激的某些突出特征会诱发相关的脑电波，同时也会引起眼动等行为改变，产生事件相关的脑电和眼动。事件相关脑电，又称为事件相关电位（ERP），属于电生理指标，可以揭示大脑对刺激的认知加工过程。眼动属于行为指标，是大脑对刺激加工之后的行为结果。

在传统的脑电或眼动实验中，往往只能记录其中的一个指标——ERP或眼动。在脑电－眼动联合的实验中，可以同时记录这两个指标，称为脑电－眼动事件相关（见图2-6）。这使得我们可以将电生理指标和行为指标整合在一起加以考察，以探讨认知加工的心理过程。具体的实验方法学，将在后续章节展开。

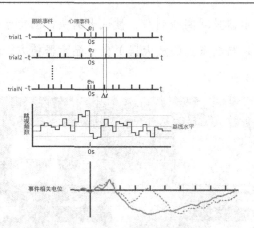

图 2.6　脑电－眼动事件相关

图 2.6 中的 e_1，e_2，……e_N 表示每个试次对应的"事件"，下边两个图分别表示眼动的时间序列图和事件相关电位的时间序列图。表明，"事件"诱发了眼动和脑电位发生了改变。

2.2.3　脑电－眼动联合实验室示范

笔者主持的华中师范大学心理学院脑电－眼动联合同步实验室。2011 年 7 月，实现脑电与眼动同步记录。本实验室采用 Neuroscan SynAmps2 脑电系统、Eyelink2000 眼动系统。将这两套系统连接到一个刺激呈现计算机上，通过编程呈现刺激，同时触发脑电和眼动系统。图 2.7 所示为本实验将脑电、眼动联合调试的实验场景。

图 2.7　脑电－眼动联合同步测试

由一个 CRT 显示器呈现实验刺激，被试者的头部固定于眼动仪的头托上，戴上脑电帽子（连接到脑电系统的放大器）坐于显示器前方，显示器与被试者之间是眼动仪，如图 2.8 所示。

图 2.8　监控室场景

从左至右依次是：脑电记录计算机，用于呈现实验过程中记录与呈现的被试者的脑电波；刺激呈现显示器，通过分屏器从被试间的刺激机上连接到监控室，用于监控刺激呈现状态以及实验程序的运行情况；脑电系统的电源和控制盒，是脑电放大器和脑电记录计算机之间的中介，并连接刺激呈现计算机，用于整合刺激计算机发送的"事件"标记码和放大器采集的脑电波，然后传输至脑电记录计算机；视频监控，连接被试间的摄像头，用于观察被试者的状态；眼动记录计算机，连接眼动仪，并通过网线与刺激呈现计算机连接，用于接收与呈现刺激计算机发送的信号及眼动仪采集的数据。

2.2.4　同步技术的优点

脑电技术目前已经广泛应用于心理学实验研究尤其是认知神经科学领域中，与其他测量方法相比，脑电技术具有自身独特的优势。①可以直接反映神经的电活动。②具有很高的时间分辨率，可以以毫秒甚至微秒为单位实时记录脑电数据。③较低的系统造价。④无创伤性。

但是，脑电技术也存在缺陷。在脑电实验中，收集到的数据是随时间变化的脑内电信号，能够在一定程度上反映出脑内神经元的放电规律，心理活动可以看成大脑神经细胞不断产生电脉冲，发生化学反应的结果，进而可以推断，脑电信号可以用来描述被试者的心理活动，这就是脑电技术应用于心理学研究的理论依据。然而，在实验中，尤其是视觉实验，刺激的空间信息是无法得到的，因此刺激与脑电信号之间不能真正做到精确的匹配。

　　眼动信号可以锁定空间注视目标物的位置，通过位置锁定，我们可以提取出上行信号，这种方式，对脑电方法研究提供了补充。同时，眼动信号并不能完成脑的空间定位和功能锁定，而脑电则可以对此做有意义的补充。因此，脑电 – 眼动联合同步方法，实现了功能上的互补。

参考文献

［1］高闯 . 心理实验系统与原理：系统结构，测量原理与分析方法［M］. 武汉：
　　华中师范大学出版社，2013：22–47.

［2］高闯 . 心理实验系统与原理：系统结构，测量原理与分析方法［M］. 武汉：
　　华中师范大学出版社，2013：22–25.

［3］高闯 . 心理实验系统与原理：系统结构，测量原理与分析方法［M］. 武汉：
　　华中师范大学出版社，2013：36.

［4］高闯 . 心理实验系统与原理：系统结构，测量原理与分析方法［M］. 武汉：
　　华中师范大学出版社，2013：35.

［5］高闯 . 眼动实验原理：眼动的神经机制、研究方法与技术［M］. 武汉：华
　　中师范大学出版社，2012：147–149.

第二部分
脑电 – 眼动同步实验原理

第3章　脑探测实验原理

在脑测试中，实验刺激与脑相互作用，诱发脑反应，并产生实验效应。诱发实验效应的机制，就是实验原理。实验原理是研究脑机制、功能的基础。脑电实验、眼动实验具有各自的实验原理，它是所有脑电实验、眼动实验开展的基础，也是以此为方法的理论研究开展的基础。因此，本章从实验探测的模式出发，讨论实验原理的基本定义，探讨实验原理的最本质含义。

3.1　脑探测范式

脑科学研究的基本任务是脑的功能结构和脑机构的功能。这是两个相辅相成的问题，为了实现对这两个问题的回答，采用黑箱探测方式来寻找答案。黑箱探测方式是脑探测的基本方式。以此基本方式为基础，实验科学设定了基本思想方法的流程，形成了实验探测的模式。

3.1.1　脑探测实验原理

如图 3.1 所示，把脑看成一个具有生命意义的活体系统，它是由具有某种功能的结构组成（子系统）。任何刺激的信息（输入信息），经过功能模块的加工，输出加工"信息"。这个过程会诱发功能模块某种特性变化，这种变化称为诱导效应，也称为实验效应。诱发实验效应的机制，称为诱发机制，即实验原理。

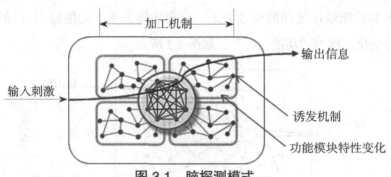

图 3.1　脑探测模式

向大脑输入刺激信息，大脑经过功能模块加工，并输出信息。在加工过程中，功能模块特性将会发生变化。诱发功能模块发生特性变化的机制，称为诱发机制，也称为实验原理。实验原理是我们理解加工机制的基础。

在实验研究中，我们往往借助诱发机制，来获取诱发效应，然后通过诱发效应来研究功能模块加工机制和功能。这个思想构成了整个实验探测的基本指导思想。

3.1.2　脑探测诱发效应

诱发效应是理解脑机制的基础，是推测脑功能模块加工的一个切入点。这就需要考察"脑功能模块"诱发效应本质。

对于脑而言，任何一个功能模块，都是为了实现一定功能的相对独立结构单元。从认知科学出发，它的本质是：从功能单元外部接收信息（刺激输入）并加工之后，输出信息。

这个过程实现所依赖的生物学物质基础是：功能单元的生物神经网络系统、维持神经网络系统活性的功能系统（营养系统）。由此出发，我们把诱发效应归为三类效应：功能效应、编码效应和物质效应。

（1）功能效应

对于任意一级的功能模块，都是具有一定功能的单元。输入用 S 表示，完成某种功能的输出用 O 表示，脑功能模块的输入和输出之间的关系用 F 表示，其中 F 是 function（功能）的缩写。这个函数可以表示为：

$$O=F（S）\tag{3-1}$$

输入和功能输出之间的函数关系，称为功能关系。功能输出 O 随着输入 S 而发生的变化，称为"功能效应"，如图 3.2 所示。

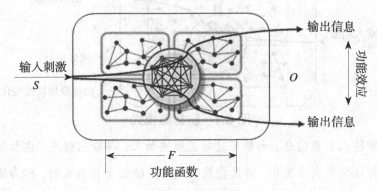

图 3.2　功能效应

任何一级系统，都是具有一定功能的单位。输入和功能输出之间的关系，称为功能关系，或者功能函数。功能输出随着输入而发生的变化，称为功能效应。

（2）编码效应

脑构成的信息系统，其功能的实现，都是以信息为基础的。而神经信息的编码、传输、解码是功能模块工作的载体。因此，输入的刺激信号，诱发神经产生编码、传输、解码等反应，这类效应统称为编码效应，可以分为两类，如图 3.3 所示。

① 信息码效应

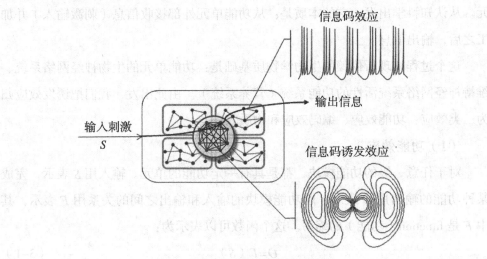

图 3.3　编码效应

编码效应包含两种：信息码效应、信息码诱发效应。由刺激诱发的神经编码、解码和传输神经活动，称为信息码效应。信息编码活动，造成空间电荷发生变化，导致神经细胞在空间产生电辐射，称为信息码诱发效应。

组成功能模块的神经网络，对输入信息进行编码、解码、传输、整合等，在神经细胞上会记录到这种编码信息。这个信息由输入信息诱导，称为信息码效应。信息码效应提供了研究脑机制的重要信息，是一类关键效应，在单细胞记录中广泛应用。迄今为止，这类效应被作为单细胞记录中重要的方法学原理，提取神经细胞编码信息。

知识链接

随着神经系统电性质的发展，单细胞记录技术（见图 3.4）出现了，从那时起，单细胞记录成为研究神经系统机能的重要方法。微电极阵列的发展，使单细胞记录发展到多细胞记录。

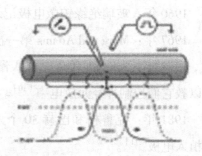

图 3.4　单细胞记录技术

单细胞记录技术发展历史

1790 年：Luigi Galvani 首次发现神经系统的电活动。Luigi Galvani 和他的学生对青蛙进行了解剖研究，他发现可以用火花使死去的青蛙的腿抽搐[1]。

1888 年：圣地亚哥 Ramón y Cajal，西班牙神经学家，他的神经元理论彻底改变了神经科学，他的神经元理论描述了神经系统的结构和基本功能单元的存在。他在 1906 年获得了生理学和医学的诺贝尔奖[2]。

1928 年：Edgar Adrian 第一个记录了神经系统，发表了"感觉的基础"。在这里面，他描述了单一神经纤维的电记录。他在 1932 年获得了诺贝尔奖，他的作品揭示了神经元的功能[3]。

1940 年：Renshaw，Forbes & Morrison 第一次用玻璃微电极对猫的锥体细胞放电进行了研究[4]。

1950 年：Woldring and Dirken 报告了大脑皮层表面高峰活动的能力[5]。

1952 年：Li and Jasper applied the Renshaw，Forbes，& Morrison 研究猫的大脑皮层的电活动[6]。

1953 年：铱微电极记录[7]。

1957 年：John Eccles 用单细胞记录研究运动神经元的突触机制，为他赢得了 1963 年度的诺贝尔奖。

1958 年：不锈钢微电极记录[8]。

1959 年：David H. Hubel and Torsten Wiesel 用单神经元记录视觉皮层图像。1981 年他们在视觉系统信息处理方面荣获诺贝尔奖。

1960 年：玻璃绝缘铂微电极记录[9]。

1967 年：Marg and Adams 第一次记录了多电极阵列记录。

1978 年：Schmidt 等人，植入慢性微记录皮层电极到猴子的大脑皮层，人们可以教它们控制神经元放电率[10]。

1981 年：克鲁格和巴赫 30 个人在组装微电极 5×6 配置和多单元的同时记录植入电极[11]。

1992 年："犹他州的皮层电极阵列"的发展（UIEA），使多电极阵列可应用到神经生理学的大脑皮层的柱状结构研究[12, 13]。

1998 年：BMI 关键的突破是由 Kennedy and Bakay 实现了神经电极的研制[14]。

② 信息码诱发效应

信息编码、解码会在神经细胞（皮层锥形细胞）产生电荷积累效应。电荷的积累，导致空间电位发生变化，诱发电磁辐射。这类效应是由神经信息编码诱发，可以间接反应信息编码情况，因此，称为信息码诱发效应。在脑电实验科学中，就是利用这类效应，开展实验研究。

3. 物质效应

功能模块活动，会引起模块所在的物理环境、化学生物环境变化，这类效应统称为物质效应。如图 3.5 所示，神经细胞在传输过程中，通过细胞的钠离子通道的开关，实现钠离子细胞内外传输，改变细胞内外电压。这种改变，导致细胞内外物理、化学情况环境发生变化，是由物质改变引起的，这类效应，称为物质效应。

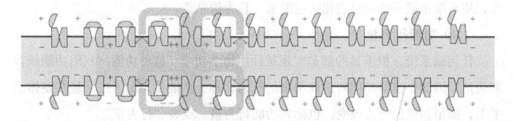

图 3.5　神经细胞物质效应

在神经传输细胞中，通过不断地打开和关闭钠离子通道，实现细胞内外钠离子传输，电流不断向前传输。由此，诱发细胞物质环境发生改变，称为物质效应。

从数理逻辑上来讲，上述三类效应都是非独立的，它们都是由输入信息所诱发，存在着关联关系。诱发的数理一致性，决定了所有效应在解释人脑功能时，必须在"意义"上一致。

3.1.3　实验效应参量分类

由上述实验效应出发，对实验效应进行测量的变量，也分为三类参量。利用这三类参量，作为"效应量"，度量诱发的实验效应。

心智系统的描述参量包括三种量，生理量、信息量和功能行为量，如图 3.6 所示。

图 3.6　心智系统描述参量

（1）生理量

脑系统及其子系统的物质效应改变，表现为"物理变化"和"化学变化"。

衡量物理变化或者化学变化的量，统称为"物理量"，考虑到这部分量是描述生物系统的，从本质上来讲，这部分量属于"生理量"。

（2）信息量

脑系统功能实现的核心是信息的编码、解码和信息整合等。因此，信息构成了系统之间的基本交换关系。因此，度量信息是脑系统中的测量中的基本量。因此，用来度量脑系统信息变化效应的量，称为信息量。

（3）功能行为量

任何脑系统，根本目的都是实现某种生物学功能。这种功能，利用功能函数来表达。因此，度量功能所表现出来的行为，称为功能量。由于这个量在整体水平上，衡量系统的行为改变，也称为功能行为量，或者"行为量"。

3.1.4　脑探测实验范式

可重复性是实验科学的根本特征之一。本质上来讲，可重复性也就是实验效应可重复诱发，并保持稳定。因此，为了保证实验某种实验效应的可重复性，在实验科学中，根据实践对特定实验效应诱发的实验条件、实验程序和操作步骤做了规定，这种约定俗成的实验流程，称为实验方式。

知识链接

双眼竞争实验范式

双眼竞争：是指同时、分别向双眼呈现不同的刺激时，知觉到的图像在双眼间进行变换的现象。双眼竞争包括颜色竞争、轮廓竞争、模式竞争或者它们之间的混合形式，如图 3.7 所示。

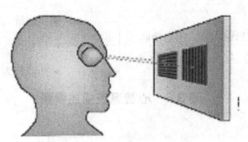

图 3.7　双眼竞争范式

向双眼分别、同时呈现两个刺激（垂直光栅和水平光栅）。大脑的知觉在垂直光栅和水平光栅之间随机变换，这种现象，就是双眼竞争。

双眼竞争是研究隐形知觉和无意识加工的一个标准范式。从某一时刻大脑知觉进入某一知觉状态开始计时，到大脑知觉转换到另一状态为止，所记录的时间，称为维持这一状态的知觉时间，也称为维持时间。对同一刺激维持的时间长度，是一个随机量。满足分布[15]。当把其中一只眼睛的刺激进行改变，前后两次分布引起的差异，也就是实验效应，它是通过双眼竞争范式研究实验效应的关键指标。

此外，通过其他方式的测量指标，研究双眼竞争，也是双眼竞争范式中重要的发展方向。例如：细胞放电频率、血氧含量的依赖性等。

放电频率是动作电位串的重要属性，平均放电频率的高低表示信号的强弱。研究发现在视觉信息加工的晚期，颞下回皮层神经元的放电频率与知觉状态之间存在着明显的正相关关系[16]。

血氧水平依赖性：脑功能成像技术记录的双眼竞争中大脑皮层血氧水平的变化，研究发现知觉变化与血氧水平的变化具有一致性[17, 18]。

3.2　实验效应量度量层级

生理量、信息量和功能量揭示了脑系统及子系统属性描述的三类量。任何一级子系统都要具有这三类量。这三类量之间的层级关系，对研究关系梳理尤为重要。我们将分为三个维度来考察研究的层次问题，这将为系统属性之间的关联关系提供帮助。这三个维度是：系统类别、神经生理层级和功能维度。

3.2.1　系统类别维度

脑系统总是可以被分解为子系统。在某种系统水平上，这些系统因为功能不同具有很多类。针对不同类比揭示子系统功能，是我们研究中经常采用的研究路线之一。

例如，我们考虑到神经的功能是，常常把整个脑系统简化成如图 3.8 所示的系统框架。这是在行为水平，将神经系统功能进行单元划分的标准做法。这种情况下，神经反射通道被划分为以下子系统：感觉器、感觉信号传输、人脑感、知觉、意识中枢、外周传输、效应器。

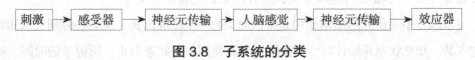

图 3.8　子系统的分类

标准的神经反射弧可以被分解为多个环节，每个环节都是一个子系统。

3.2.2　神经生理层级维度

任意一个子系统，都是一个生物学意义的生物系统。就脑意义而言，我们更多的关注构成生物系统的神经对脑的意义。因为，在脑系统中，神经是最基本的信息单元。因此，从对神经理解的度量层级上来讲，对任意一个子系统，从小到小依次可以分为：基因、神经细胞、神经网络。

例如，脑干中对眼动肌肉控制的子系统，包括以下细胞，这些细胞联合在一起，构成神经网络，负责眼动的移动行为，如图 3.9 所示[19]。

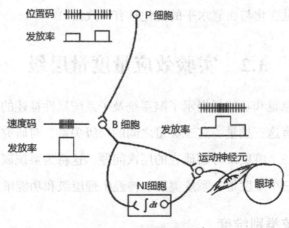

图 3.9　跳视子系统

P 细胞中的神经发放率从当前的发放率变换到新位置对应的发放率。在当前位置转向新位置，P 细胞停止工作，B 细胞工作，促发眼动速度码，眼动结束时，P 细胞工作，促发新位置的神经发放编码。NI 细胞是一个积分器，把 P 细胞和 B 细胞促发的信号按时间先后进行求和，并把求和后的信号传输给运动神经元。在该子系统中，P 细胞、B 细胞和 NI 细胞构成了一个神经功能网络，实现对眼动方向的控制。

① P 细胞，其功能是对眼动的移动前后位置进行编码。

② B 细胞，其功能是对眼睛在两个位置间移动的速度进行编码。

③ NI 细胞，负责把位置信号和速度信号在时间上依次排列，整合在时序信号，并把信号传输给运动神经元。

④ 运动神经细胞，负责把电信号转变为肌肉制动的机械动作。当接收一个电脉冲时，就收缩；反之，则释放。

3.2.3　功能维度

任意一个系统，一旦设定了我们研究的层级，例如细胞层级、神经网络层级，我们就要回答不同层级的单元所具有的功能。因此，不同层级的功能是不同的。这些功能和子系统的神经层级相对应。这个维度，就是功能的维度。随着层级的扩大，功能也会发生改变。

因此，考虑到上述研究的三个维度，我们就可以把任意一项研究的层级，通过图 3.10 表示出来。

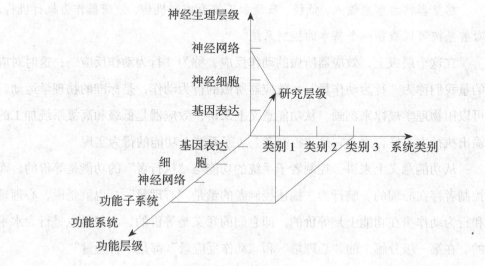

图 3.10　研究的层级

任何一种对子系统特性的研究层次，都可以从三个维度来度量：子系统类别，神经生理层级和功能层级。

3.2.4　行为学量本质

任何一级系统都包含三类描述量：生理量、信息量和功能行为量。当我们仅仅把脑系统分解为三个并列功能子系统时为：感觉器，低级、高级加工，效应器。这种分解方式是第一级别的分解。感觉器负责信息的采集，低级、高级神经中枢负责信号的加工和处理，效应器负责行为的制动。从控制模型出发，这个逻辑关系，可以理解为一个控制系统，如图 3.11 所示。感觉器是控制系统输出；低级、高级加工是控制系统的控制机构；效应器是控制系统的执行机构。这是整个脑系统第一级分解。

图 3.11　行为量等价关系

感觉器作为信息输入，低级、高级加工作为控制机构，效应器作为执行机构，心智系统可以看作一个基本的控制系统。

在这个层级上，效应器所做的动作反应，称为"行为动作反应"，这时对应的量我们称为"行为动作量"。效应器所做的行为动作，是标准的物理学运动，可以用物理学规律来刻画。从功能意义上来讲，效应器是低级和高级系统加工的输出执行方，换言之，它是"控制者"（子系统）功能的行为实现。

从功能意义上来讲，控制者子系统的功能与"执行者"的功能是等价的。而控制者存在心理的、脑行为。描述控制者的量是"心理量"。也就是说，心理量和行为动作量在功能上是等价的。即它们的意义是等价的，心理量也是行为水平的。在第一级分解上的"心理量"和"动作反应量"都是"行为量"。

3.2.5　高阶效应[22]

大脑是一个具有物质基础的神经通信、意识活动系统[20]。因此，由心理加工引发的心理效应，从时空关系，可以理解为时序效应[21]。大脑活动是一个分级的系统。即经过不同的心理、神经结构时，诱发的效应并不相同，神经的层级决定了不同层级的诱导效应可能不同，按时间先后排列，就构成时间序列效应。

图 3.12　心理诱导效应的时序关系

实验所记录到的实验数据，实际上是刺激信号经过大脑加工产生一系列诱导效应的最终结果。

从数理上来讲，这个过程可以简化为：由一个事件诱发，会产生一个效应链条。第一个原因诱发第一效应，这个效应又成为下一个效应的原因。依此类推，就会成为因果链条。第一次诱发的效应称为一阶效应，第二次诱发的效应称为二阶效应，依此类推。

诱导效应公式，$y_i = f_i(x_i)$ 也可以写为：

$$y_i = f_i(x_p) \tag{3-2}$$

如果诱导效应满足线性关系，公式可以写为：

$$y_p = ky_i + b \tag{3-3}$$

其中，k 为斜率，b 为截距。那么心理加工公式可以表示为：

$$y_i = \frac{1}{k}\left[f_p(x_i) - b\right] \tag{3-4}$$

$$= \frac{1}{k}\left[y_p - b\right]$$

在这种情况，k 是影响实验加工过程效应观察的一个关键量。我们用单变量刺激的两个水平来说明 k 对实验测量的影响。

设刺激诱发的两个心理加工效应分别记为：y_{p1}，y_{p2}。实验上观察到的两个水平分别记为 y_{i1}，y_{i2}。把 $\triangle p = y_{p2} - y_{p1}$ 命名为心理加工效应，把 $\triangle i = y_{i2} - y_{i1}$ 命名为实验观察效应。

当 $k > 1$ 时，如图 3.13（a）所示，当实验刺激变量由水平 1 变化到水平 2 时，心理加工效应为 $\triangle p$，该效应经过诱导变换，产生观察效应 $\triangle i$。因为 $k > 1$，所以，经过线性变换，心理加工效应被放大（放大效应），$\triangle p < \triangle i$。这种情况下，观察由刺激诱发的心理效应就比较容易。

当 $k=1$ 时，如图 3.13（b）所示，当实验刺激变量由水平 1 变化到水平 2 时，心理加工效应为 $\triangle p = \triangle i$。心理加工效应被等价变换。

当时 $k < 1$，如图 3.13（c）所示，当实验刺激变量由水平 1 变化到水平 2 时，心理加工效应为 $\triangle p > \triangle i$。心理加工效应被缩小。

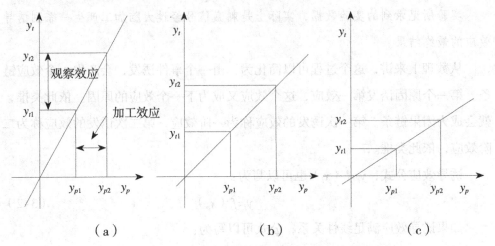

（a）　　　　　　　　　　（b）　　　　　　　　（c）

图 3.13　实验加工效应和观察效应的关系

横坐标表示加工效应，纵坐标表示观察效应。图 3.13（a）中斜率较大，表示很小的加工效应的差异就可以引起较大观察水平的变化；

图 3.13（b）中斜率为 1，表示心理加工效应和实验观察效应等价；

图 3.13（c）中斜率较小，表示较大的加工效应的差异只能引起较小观察水平的变化。

因此，在实验观察上，第一种是最理想的情况，观察实验效应比较容易。最后一种由于缩小的效应，有可能导致实验上观察不到心理加工效应。但是这并不代表刺激变量没有诱发心理效应，或者说不是影响心理的变量。

在心理学研究中，利用观察效应差异不显著，而认为心理加工效应不存在的实验普遍存在。而在很多情况下，实验诱导的过程可能是非线性关系，判定实验效应存在与否则更加复杂。

参考文献

［1］Piccolino, M. Luigi Galvani and animal electricity: two centuries after the foundation of electrophysiology［J］. Trends in neurosciences, 1997, 20（10）: 443-448.

［2］López-Muñoz, F., Boya, J. and Alamo, C. Neuron theory, the cornerstone of neuroscience, on the centenary of the Nobel Prize award to Santiago Ramóny Cajal［J］. Brain research bulletin, 2006, 70（4）: 391-405.

［3］Adrian, E. The basis of sensation［J］. British medical journal, 1954, 1（4857）: 287.

［4］Renshaw, B., Forbes, A. and Morison, B. Activity of isocortex and hippocampus: Electrical studies with micro-electrodes［J］. Journal of Neurophysiology, 1940, 3（1）: 74-105.

［5］Woldring, S. and Dirken, M. Spontaneous unit-activity in the superficial cortical layers［J］. Acta physiologica et pharmacologica Neerlandica, 1950, 1（3）: 369-379.

［6］Li, C.-L. and Jasper, H. Microelectrode studies of the electrical activity of the cerebral cortex in the cat［J］. The Journal of physiology, 1953, 121（1）: 117-140.

［7］Dowben, R.M. and Rose, J.E. A metal-filled microelectrode［J］. Science, 1953, 118（3053）: 22-24.

［8］Green, J. D. A simple microelectrode for recording from the central nervous system［J］. Nature, 1958, 182: 962.

［9］Wolbarsht, M., MacNichol, E. and Wagner, H. Glass insulated platinum microelectrode［J］. Science, 1960, 132（3436）: 1309-1310.

［10］Schmidt, E., et al. Fine control of operantly conditioned firing patterns of cortical neurons［J］. Experimental neurology, 1978, 61（2）: 349-369.

［11］Krüger, J. and Bach, M. Simultaneous recording with 30 microelectrodes in monkey visual cortex ［J］. Experimental brain research, 1981, 41（2）: 191-194.

［12］Jones, K.E., Campbell P.K., and Normann, R.A. A glass/silicon composite intracortical electrode array［J］. Annals of biomedical engineering, 1992, 20（4）: 423-437.

［13］Rousche, P.J. and Normann, R.A. Chronic recording capability of the Utah Intracortical Electrode Array in cat sensory cortex ［J］. Journal of neuroscience methods, 1998, 82（1）: 1-15.

［14］Kennedy, P.R. and Bakay, R.A. Restoration of neural output from a paralyzed patient by a direct brain connection ［J］. Neuroreport, 1998, 9（8）: 1707-1711.

［15］Leopold, D.A. and Logothetis, N.K. Activity changes in early visual cortex reflect monkeys' percepts during binocular rivalry ［J］. Nature, 1996, 379（6565）: 549-553.

［16］Sheinberg, D.L. and Logothetis, N.K. The role of temporal cortical areas in perceptual organization ［J］. Proceedings of the National Academy of Sciences, 1997, 94（7）: 3408-3413.

［17］Polonsky, A., et al. Neuronal activity in human primary visual cortex correlates with perception during binocular rivalry［J］. Nature neuroscience, 2000, 3（11）: 1153-1159.

［18］Tong, F. and Engel, S.A. Interocular rivalry revealed in the human cortical blind-spot representation ［J］. Nature, 2001, 411（6834）: 195-199.

［19］Leigh, R.J. and Zee, D.S. The neurology of eye movements ［M］. Oxford University Press, 2015.

［20］Shepherd, G.M. Neurobiology ［M］. Oxford University Press, 1988.

［21］Jun, S. and Wu, J. Remarks on the sequential effect algebras ［J］. Reports on Mathematical Physics, 2009, 63（3）: 441-446.

［22］高闯. 心理实验系统与原理：系统结构, 测量原理与分析方法［M］. 武汉: 华中师范大学出版社, 2013: 63-72.

第4章　脑电探测实验原理

脑电探测的实验原理，是所有脑电实验开展的基础。所有脑电实验都是基于该基本原理出发，诱发实验效应，实现对脑功能、结构的测量和研究。前文，我们讨论了实验原理与实验效应，这为脑电实验原理讨论奠定了理论基础。我们将以一般的实验原理理论作为基本指导框架，讨论脑电实验的诱发机制本质，诱发效应表现。包括以下几个问题：

① 脑电诱发的神经生理基础；

② 脑电诱发的生理机制；

③ 脑电诱发的物理学模型；

④ 诱发的电效应本质。

这种讨论将为后续的脑电测量奠定数理理论基础。

4.1　神经细胞功能

脑的信息加工，建立在神经细胞的信息处理功能之上。神经元的加工方式和功能，是理解人脑信息加工的一个基本层次之一。在这个层次上，信息的编码、解码、传输和整合关系都得以一一体现。因此，神经细胞的编码工作机制、特性是理解脑信息加工的基础。此外，脑电产生的机制和这个层次紧密关联，由此，它也是理解脑电机制的基础之一。本节，将重点讨论神经细胞的基本功能。

4.1.1 神经细胞

人脑神经中枢的细胞，包含两类神经细胞：神经细胞（nerves cell）和神经胶质细胞（glia cell）。神经胶质细胞又分为星形胶质细胞（astrocyte）、少突胶质细胞（oligodendrocyte）。神经胶质细胞位于神经细胞中间，为神经细胞提供营养，并不参与信息加工活动。一般的神经细胞包含三个组成部分：树突（dendrites）、细胞体（cell bodies）、轴突（axons），负责人脑信息的传输、加工和整合。神经细胞和神经胶质细胞之间的关系，如图4.1所示。

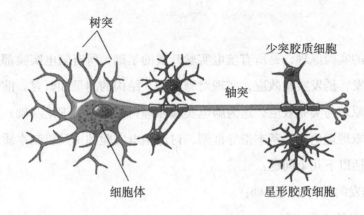

图4.1 神经细胞功能关系

神经细胞包含两类：神经细胞和神经胶质细胞。神经细胞负责信息的加工和整合，神经胶质细胞负责为神经细胞提供营养。神经细胞包含三个关键部分：树突、细胞体和轴突。

4.1.2 神经细胞形态

人的神经细胞，为了适应不同的信息编码要求，在形态上也表现出多种形态。这些基本的形态包括：单极细胞、双极细胞、多极细胞和锥形细胞，如图4.2所示。在神经系统中，这些细胞担负的功能并不尽相同。如单极细胞承担感觉器的功能，一些运动神经多是由多级细胞来担任，人脑的信息加工的皮层细胞则多是锥形细胞。

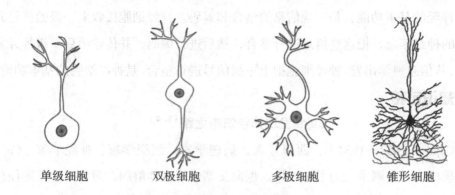

| 单级细胞 | 双极细胞 | 多极细胞 | 锥形细胞 |

图 4.2 细胞形态

人的神经系统的细胞包含多种类型：单极细胞、双极细胞、多极细胞和锥形细胞。

4.1.3 神经细胞功能

神经中枢的神经细胞活动，其基本功能是实现神经信号的加工、整合和传输。这是神经细胞的基本功能。在细胞层次上，细胞的信息加工整合，体现在细胞活动的三个方面：信息整合、信息编码和信息传输。

（1）神经信息整合

神经细胞接收上一级的神经元输入信号，对这些信号进行整合。整合之后，传输到下一级神经细胞，如图 4.3 所示。

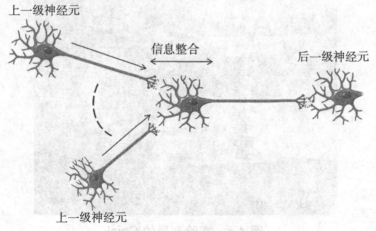

图 4.3 神经信息整合

神经的基本功能，是实现信息的整合和编码。神经细胞接收上一级的神经元发送的神经信息，把这些信息进行整合，然后进行编码，并传输给后一级神经。因此，从信息科学出发，神经细胞把上一级信号进行整合，是神经细胞的基本功能。

知识链接

Cajal 发现神经细胞之路[1, 2]

Cajal（1852—1934），西班牙人，病理学家、组织学家、神经学家。Cajal最初想成为一名画家，为了解人体，他向父亲学习人体解剖。对骨架的着迷使他由一位画家转变为一位解剖学家，最终成为专注于大脑的解剖学家。

在 Cajal 所处时代，生物学领域主流观点认为：神经系统是网络型结构，而非由单个神经细胞组成，而 Cajal 却持有与之不同的观念：神经细胞是由单个独立的整体构成。1890 年，Cajal 尝试一种新方法观察完整状态的神经细胞，并提出神经元结构：突触、树突和轴突。之后，提出了神经元理论的四个理论，也就是现在的神经结构理论，这些理论在实验中得到了证实。

由于 Cajal 的开创性工作，Cajal 于 1906 年获得了诺贝尔生理学奖。但是，直到 1955 年 Cajal 对神经理解的所有直觉发现，才得到完全证实。他所绘的关于脑细胞的大量插图至今用于现代科学。

1880 年代中期，位于他的实验室，如图 4.4 所示的显微镜是他最喜欢的工具。

图 4.4 实验室里的 Cajal

A 为普肯野细胞，B 为鸽子小脑颗粒细胞，如图 4.5 所示。

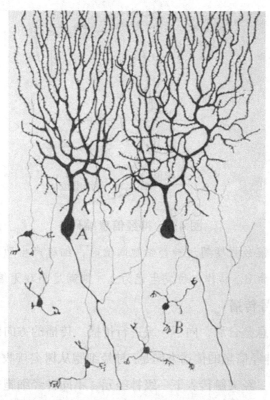

图 4.5　Cajal 的绘图

在人脑的大脑皮层中，还存在着另一类细胞：星形细胞。这类细胞并不参与人脑的信息加工，其主要的功能，则是为参与信息加工的锥形细胞提供养分，维持锥形细胞的正常生理反应[3, 4]。

（2）神经细胞编码

神经整合上一级的信息，并进行编码。这个编码依赖神经细胞的动作电位来实现。当上一级的神经信号的强度达到某种量级时，这个量级称为阈值。神经细胞开始发放，瞬间产生动作电位，之后停止发放（不应期）。这个过程的编码规则，满足"全和无"定理（all and none）。即把不发放的阶段记为 0，产生动作电位记为 1，有时也称为 0 和 1 编码。在这个意义上，神经的信息编码是数字编码。全和无的编码方式是神经细胞的基本编码方式，如图 4.6 所示。

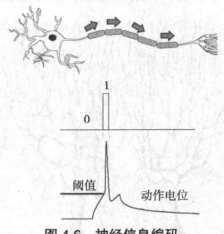

图 4.6　神经信息编码

　　上一级的神经信号强度超过神经细胞阈值时，细胞产生动作电位，完成一次编码。阈值以下记为 0，动作电位发生记为 1，则满足全和无编码。

（3）神经信号传播

　　神经细胞将信息整合后，向下一级进行传播。传播的方向代表了信息关联关系。通常情况下，神经信息的传播方向是：神经细胞从树突接收外界信息（刺激），编码后沿轴突传播，经突触传入下一级神经元。不同神经细胞在方向上的逻辑关系也就构成了神经网络之间的信息编码关系，如图 4.7 所示。因此，神经信息传播的途径和方式，是解释人脑信息关联逻辑的基本途径之一。

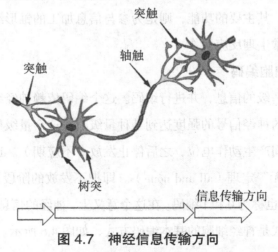

图 4.7　神经信息传输方向

神经细胞经树突从上一级接收信息，进行信息整合后，编码经突触向下一级神经细胞传输。这个链条构成了神经信息传播的基本方向。不同细胞之间的信息传播方向关系，构成了它们之间的编码逻辑关系。

4.2　神经电信号特性

神经细胞在神经活动中,会产生生物电信号,即生物电。生物电,是指生物器官、组织和细胞在生命活动过程中发生的电位和极性变化。它是生命活动过程中的一类物理、物理 – 化学变化表现，也是生物活组织的一个基本特征。在脑的神经活动过程中，神经细胞活动产生的电位包括：静息电位、动作电位和突触后电位。

这些电活动，是神经细胞实现信息加工功能时，不同电特性体现。电特性是神经细胞具有的基本特性之一。这个方向，也是神经电生理的研究的基本方向之一。神经的电信号是促发脑电的基本信号之一。也就是说脑电信号是人脑神经系统中的电信号之一。要确切理解脑电信号本质，就要从最基本的神经结构、神经电生理、神经信息和物理学等知识出发，建立神经活动现象背后的原理，由此解释神经活动现象。神经电信号的特性，是脑电的基本原理的根源与始点，是所有脑电实验结果解释的根源，丝毫不容忽视。

4.2.1　静息电位

（1）膜电位

细胞生命活动过程中伴随的电现象,存在于细胞膜两侧的电位差称为膜电位。膜电位（membrane potential）通常是指以膜相隔的两溶液之间产生的电位差。生物细胞具有半透性细胞膜，而膜两边呈现的生物电位就是这种电位，平常把细胞内外的电位差叫作膜电位。

膜电位的存在和各种影响引起的这些变化是静止电位和动作电位的成因，在神经细胞通信的过程中起着重要的作用。

（2）静息电位

组织细胞安静状态下存在于膜两侧的电位差，称为静息电位或膜电位。静息电位是由于细胞内 K+ 出膜，膜内带负电，膜外带正电导致的。如果膜内外电位差增大，即静息电位的数值向膜内负值加大的方向变化时，称为超极化。相反地，如果膜内外电位差减小，即膜内电位向负值减小的方向变化时，则称为去极化或极化。一般神经纤维的静息电位如以膜外电位为零，则膜内电位为 –70~–90mV。

4.2.2 动作电位

可兴奋的细胞，当收到外界刺激信号时，在静息电位的基础上，电压迅速升高，并产生可扩布的电位变化，沿神经进行传导，这种电位变化称为动作电位。

动作电位包括：峰电位和后电位。峰电位是动作电位的主要组成成分，因此通常意义的动作电位主要是指峰电位。神经纤维的动作电位可沿膜传播，又称为神经冲动，即兴奋和神经冲动。

一个单独的神经元产生的电位太小无法被 EEG 或 MEG 检测到。因此脑电活动总是反映数以百万计的具有相似的空间定向的神经元的同步活动的总和。如果细胞没有类似的空间定向，它们的离子就无法线性排列，从而产生可被检测到的波。

4.2.3 突触后电位

1896 年，C.S.Sherrington 把神经元与神经元之间，或者神经元与肌细胞、腺体之间特异性接头，命名为突触（synapse）[5]。突触是神经元不连续在形态学上的表现，它起到了神经元之间的通信转换的关联。

神经信息的流向是从突触前细胞到突触后细胞。从突触后细胞的细胞膜上伸出一个称为突棘的突起物，与突触前细胞的轴突之间，形成突触间隙。神经元之间的信息通信，就是要实现突触间隙的电流跨越。按信息转换过程中电流转换工作机制不同，突触分为两类：化学突触（Chemical synapse）和电突触（Electrical synapse）。

（1）化学突触及机制

神经元的末端形成的突触和下一级树突相连接，通过神经递质的信号分子的释放和接收，实现电信号信息通信，采用这类工作方式的突触称为化学突触。在这种情况下，两个神经元之间没有电气耦合[6-11]。

具体来讲，当动作电位到达神经细胞末端时，神经细胞末端（突触）中的囊泡受电化学作用，并开启，释放囊泡内的神经传递介质，这是一种带电粒子。经突触间隙到达下一级神经元的树突，并被树突上的受体接收，从而实现信号的传输。从本质上讲，化学突触的信息传输本质是：以带电化学粒子为介质的电信号传输，如图 4.8 所示。

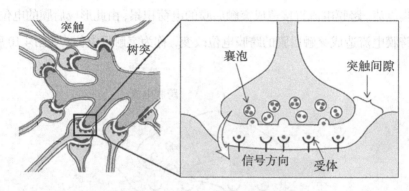

图 4.8 　 化学突触工作原理

突触中的囊泡，由于受动作电位作用，释放神经传递质，并传输到树突，实现电信号传输。

（2）电突触及机制

在中枢神经系统中，电突触连接也是一个重要类型。在这种情况下，前一个神经元的突触和后一个神经元的树突紧密连接，与化学突触不同，在电突触中，两个神经元之间直接由特殊的生物电通道连接，电信号通过电通道的开启和闭合实现电信号的直接传输。在这种情况下，电通信快速，如图 4.9 所示。

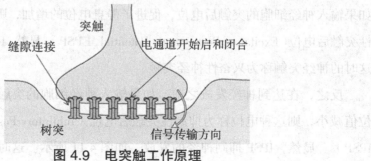

图 4.9 　 电突触工作原理

动作电位信号经信号传输的粒子通道，直接传入下一级神经元。实现不同神经元之间的信息转换。

（3）突触后电位

神经递质被释放以后，通过突触间隙扩散到突触后膜上，与突触后膜上的特异性受体相结合。

就电特性而言，这个过程中，以神经介质作为载荷粒子，形成了一种电流，称为跨膜电流。跨膜电流直接造成突触后膜的电荷积累，由此形成后膜的电位改变。这种由跨膜电流造成突触后膜的跨膜电位改变，称为突触后电位，如图4.10所示。

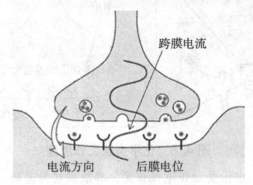

图 4.10　突触后电位

跨膜电流通过神经递质传递到后膜，造成后膜电压改变，这个电压，称为突触后电位。

（4）突触后电位分类

突触后电位，按其对细胞编码的促进与抑制功能，分为两种：兴奋性突触电位和抑制性突触电位[12~16]。在达到神经发放之前，细胞具有的电位是静息电位。如果输入神经细胞的突触后电位，促进了静息电位的增加，则这种电位称为兴奋性突触后电位（Excitatory Postsynaptic Potential，EPSP）。显然，EPSP促进神经发放。这时的神经突触称为兴奋性神经突触。

反之，在达到神经发放之前，如果输入神经细胞的突触后电位，使静息电位值减小，则这种电位称为抑制性突触后电位（Inhibitory Postsynaptic Potential，IPSP）。显然，IPSP抑制神经的发放，如图4.11所示。这时的神经突触称为抑制性神经突触。

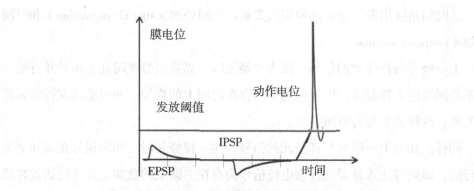

图 4.11　突触后电位的类型

　　按电位对编码的功能，突触后电位分为两种类型：EPSP 和 IPSP。EPSP 促进细胞编码发放；IPSP 抑制细胞编码发放。

4.2.4　神经编码

　　来自 A、B 两个神经元的信号，在时间上依次达到神经元 C。在时间上两个信号叠加，促发 C 细胞第二种信号编码。这个规则，称为时间叠加，如图 4.12 所示。

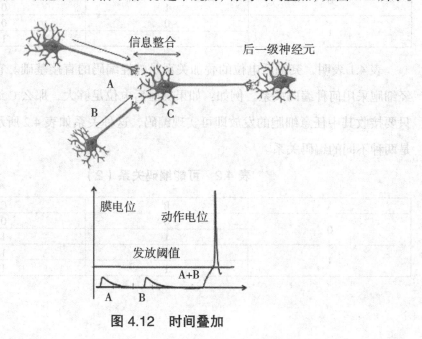

图 4.12　时间叠加

神经突触后电位与神经元发放之间的关系，预示了神经元之间最基本编码关系。从时间角度出发，包括两种编码关系：空间叠加（spatial summation）和时间叠加（temporal summation）。

上一级并行神经元的信号，注入神经元时，如果信号在时间上不是并行的，即不是同时注入神经元，则电位信号会存在时间上的叠加，并可能诱发神经元神经发放，这种关系称为时间叠加。

同样，如果上一级并行神经元的信号，注入神经元时，如果信号在时间上是并行的，即同时注入神经元，则电位信号会存在空间上的叠加，并可能诱发神经元神经发放，这种关系称为空间叠加。无论是空间叠加还是时间叠加，都是对信号整合的直接反应。

以图 4.12 为例，设只有 A、B 两个细胞都发放时，C 细胞才开始编码。细胞发放都记为 1，不发放时记为 0。那么，这三者之间的编码关系如表 4.1 所示。

表 4.1　可能编码关系（1）

A	B	C
0	0	0
	1	0
1	0	0
	1	1

表 4.1 表明，突触后电位的叠加关系是神经编码的直接基础。它直接决定神经细胞采用何种编码关系。例如：如果突触后电位足够大，那么 C 细胞也有可能只要接收其中任意细胞的发放即可实现编码，这种关系如表 4.2 所示。显然，这是两种不同的编码关系。

表 4.2　可能编码关系（2）

A	B	C
0	0	0
	1	1
1	0	1
	1	1

4.3 脑电神经机制

静息电位、动作电位、突触后电位是神经系统的三类基本电信号。而只有神经突触后电位信号是诱发脑电的根本原因。因此，我们将从细胞的生理学出发，结合神经电信号知识、物理学电学知识，建立神经突触后电位的物理学描述模型，为脑电促发机制奠定理论基础。

4.3.1 脑皮层锥形细胞

在人的大脑皮层中，主要分布着两类细胞：锥形细胞和星形胶质细胞。锥形细胞由 Cajal 所发现，是一类特殊的神经细胞，分布在人的大脑皮层、海马回和杏仁核之中，在认知中担负重要的信息加工功能，如图 4.13 所示。

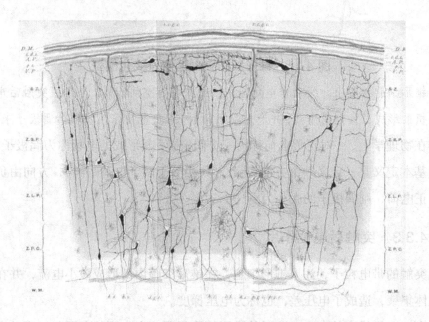

图 4.13 大脑皮层的锥形细胞和星形胶质细胞

在皮质层，被染色的神经细胞的高尔基体（由 Cajal、Retzius 和 Andriezen 发现）出现大大小小的垂直分布的锥体细胞（黑色）、星状细胞（绿色）和水平细胞（黑色、上层），它们从大脑深处一直延伸至皮质层（一般通过丘脑）。

4.3.2　偶极子模型

大脑皮层的锥形细胞，经过树突接收来自上一级神经细胞的动作电位输入，这个电位被称为突触后电位。当带电粒子输入时，首先造成细胞电荷积累，并形成负电和正电的积累，由此形成负电中心和正电中心，如图 4.14 所示。

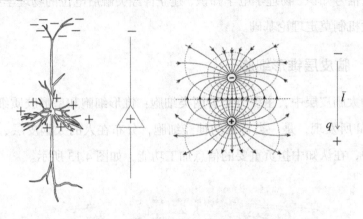

图 4.14　锥形细胞突触后电位变化模型

锥形细胞接收上一级动作电位输入，造成电荷空间积累，并形成突触后电位。空间积累形成正负电荷中心，并产生空间辐射。正负电荷采用物理学偶极子来描述。

在物理学上，一对正负电荷称为一个偶极子，其形成的电场称为偶极子电场。它的基本定义是：定义一个方向矢量 $\bar{l}$，大小等于两个电荷距离 l，方向由负电荷指向正电荷，则偶极子的大小为 $q\bar{l}$。

4.3.3　突触后电位作用

突触的带电粒子，注入锥形细胞，在锥形细胞内部形成微小电流，并在锥形细胞体集聚，造成了电压差，也称为电压梯度。

由于电压梯度的存在，这时的锥形细胞形同一个小型"电源"，驱动电场运动，与细胞外侧形成闭合电路[9, 10]。设神经元内的电阻为内电阻，细胞外的电阻为外电阻，从细胞外侧经细胞膜的电流对应的电阻为膜电阻，则闭合电路如图 4.15 所示。

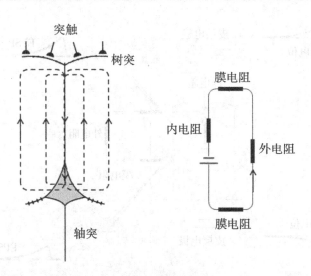

图 4.15　突触后电位作用机制

①突触后电位空间电场。突触后电位，造成锥形细胞存在电压梯度，驱动空间电场运动。②等效电路。突触后电位驱动电场运作，形成空间电流，流动的电路可以等效为一个有源（电源）闭合电路。

4.3.4　突触后电位和脑电关联

在脑电实验中，记录的电流是大量锥形细胞同步活动的结果。为了讨论突触后电位和脑电之间的关系，我们把大量锥形细胞组成的集合看成一个单元。根据物理学叠加原理，大量偶极子叠加在一起，可以简化为一个偶极子。

通过单细胞记录技术，在这个偶极子上部、下部记录突触后电位电压变化。并在头皮安置电极，电极分别位于偶极子上方和下方。这时记录到的各电压关系如图 4.16 所示。在偶极子单元下方和上方都可以记录到 EPSP 信号（这里假设是兴奋性电位）。在皮层上部、下部的脑电极，可以记录到这个兴奋性突触后电位。在上部记录的为正电位，下部记录的为负电位。同样道理，如果是抑制性电位（IPSP）的话，在皮层记录的电位情况应该正好相反。

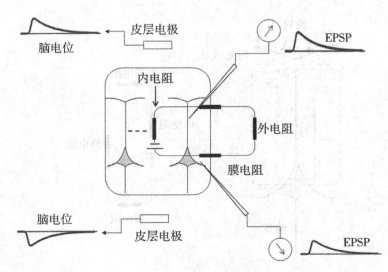

图 4.16　皮层记录电位

在偶极子单元的上下方，分别采用单细胞记录技术记录，可以记录到 EPSP 信号。同时在皮层电极也可以记录到这个信号，只是在偶极子上方的电极记录的为正，下方记录的为负。

通过上面的论述，我们可以得到以下结论[17-19]：

① 大脑皮层的脑电位，是由锥形细胞的外部电流促发，并经过传导到达头皮电极。

② 在大脑皮层记录的脑电位的正负，由两个因素来决定：

a 兴奋性电位和抑制性电位；b 电极与偶极子的相对位置。

4.3.5　突触后电位与神经编码

锥形细胞形成的偶极子，随时间发生变化，在空间形成电偶极辐射。电偶极辐射是形成脑电的根本原因。一方面，上一级的神经的动作电位编码，通过神经电信号注入锥形细胞，形成了突触后电位，达到阈值之后，形成动作电位，即对上一级关联的神经系统信息进行编码整合，这种逻辑关系如图 4.17 所示。该关系表明，脑电诱发是神经编码的间接反应。

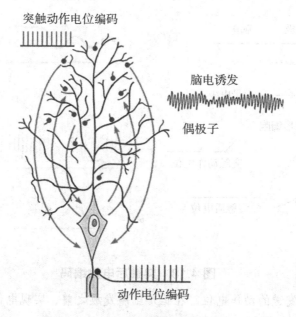

图 4.17　脑电与神经编码关系

图 4.17 为脑电与神经编码关系。突触后电位是上一级神经编码与下一级编码的中介连接，脑电是这一连接的间接反应。

脑电记录的是锥形细胞的突触后电位（兴奋性电位或者抑制性电位）。编码关系表明：突触后电位直接来源于上一级的神经动作电位。这就需要我们弄清楚突触后电位和上一级神经动作电位之间的关系。如图 4.18 所示，我们通过记录锥形细胞的突触电位、锥形细胞的突触后电位和脑电的电极，可以发现，三者之间存在着以下关联关系：

① 突触后电位是上一级动作电位的叠加。突触后电位表现出对上一级动作电位的求和效应；

② 突触后电位的求和效应，在脑电记录中可以对应得到。也就是说，脑电记录的突触后电位是上一级动作电位叠加效应的反应。

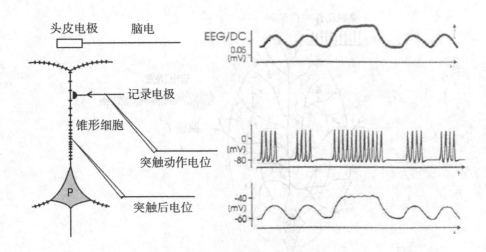

图 4.18　突触后电位编码

神经突触发送的动作电位，在锥形细胞发放之前，实现电位叠加，形成突触后电位。突触后电位的叠加效应在脑电中被同样记录到。

4.4　脑电促发电场因素

在人脑皮层中，存在着大量锥形细胞，而单个锥形细胞的偶极子电位又非常微小，不足以被记录到。因此，在头皮电极中记录到的脑电及其强度，受制于很多生理条件的限制。也就是说，并不是所有的皮层电位都能够被完全记录到。因此，我们还有必要分析这类生理条件。通过这类生理条件分析，从更深的层次理解脑电信号。这类生理条件包括：开放与闭合电场、同步与异步响应等。

4.4.1　开放电场

开放电场（open field）的含义是：要有足够数量的锥形细胞形成对外可以测量的电磁场，即偶极子必须具有对外辐射电场的能力。反之，如果不具有对外辐射的能力，则称为闭合电场（closed field）。

有三个关键因素会影响开放电场形成与特征：锥形细胞的形状、锥形细胞空间分布和锥形细胞数量。

（1）锥形细胞形状

锥形细胞形状分为两种：线状分布和星形分布。在人脑皮层分布的细胞，属于线性分布。这种情况下，正负电荷中心分离，形成偶极子，并对外形成空间电场。这种情况下的电场是开放的。

而在人脑中，还有一类锥形细胞，满足星形分布，如人脑的海马区域的锥形细胞，这种细胞，细胞体在细胞的中心位置，如图 4.19 所示。

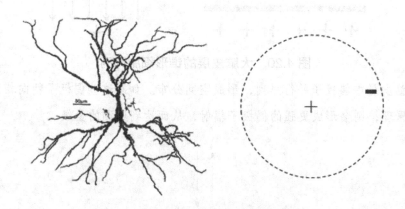

图 4.19　海马区域的锥形细胞

海马区域的锥形细胞满足星形分布。形成正负电场中心重合，不能形成偶极子。图 4.19（左）采自 http://en.wikipedia.org/wiki/File:Hippocampal-pyramidal-cell.png。

（2）锥形细胞空间分布

由于一个偶极子的电位微小，因此，要记录到脑电信号，还要满足大量偶极子的空间叠加效应。即大量偶极子按同样方向并行排布，才能起到加强作用。而在人脑的大脑皮层，存在着大量锥形细胞并列排布的情况。在这种情况下，如果大量偶极子的空间朝向相同，根据物理学的电场叠加原理，这些偶极子可以采用叠加的方式，形成更大的偶极子。在空间形成较强的电场辐射。因此，锥形细胞空间并行分布，是形成空间辐射并达到监测需要的一个重要条件。通常情况下，在一个"体积元"内，大约有 10 000 个锥形细胞形成的电场，才能在电极中测到它们形成的电场[20]。

相反，如果锥形细胞的偶极子在空间非并行分布，而按互逆方向分布，根据物理学电场空间相互叠加特性，电场相互削弱，从而形成闭合电场而无法测量，如图 4.20 和图 4.21 所示。

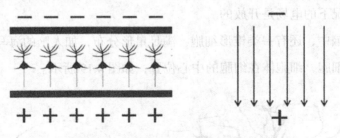

图 4.20 大脑皮层的锥形细胞阵列

大脑皮层中偶极子并行排列，形成空间分布。如果这些偶极子朝向相同，根据叠加原理，则会形成更强的偶极子辐射，从而达到监测的量级。

图 4.21 偶极子反向排布

两个偶极子方向相反，辐射效应相互叠加而相互削弱，导致无法对外辐射形成闭合电场。

实际情况下，由于偶极子排布形成的空间电场和开放电场会存在不同，这些偶极子电场存在于人脑的脑皮层的大部、丘脑的部分区域和小脑。如图 4.22 所示的 a、b，由锥形细胞神经元混合分布，形成星形分布，空间的偶极子相互抵消，导致不能对外形成可以记录的闭合电场。c 是由大量皮层偶极子并行分布形成的开放电场。而 d 测试由星形分布和并行分布混合形成细胞混合结构，这部分结构形成了闭合－开放电场。

总之，开放电场讨论的问题，从本质上来讲，是从空间分布角度讨论影响电场形成的基本因素。

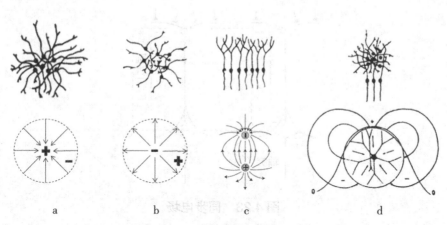

图 4.22　开放电场和闭合电场

a. 运动神经元形成的闭合电场；b. 上橄榄体神经元形成的闭合电场；c. 皮层并行神经元形成的开放电场。d. 闭合－开放电场，闭合机构和开放结构混合形成的闭合－开放电场。

4.4.2　同步与异步响应

不同锥形细胞在形成空间电场时，可能在时间上存在差异或者完全不同。因此，大量偶极子叠加形成的电场，还必须考虑时间因素对空间电场的影响。在脑电科学中，这个问题被称为同步响应和异步响应。

（1）同步响应

我们以两个锥形细胞为例，来说明大量锥形细胞之间的时间同步响应问题。如图 4.23 所示，如果两个锥形细胞电位促发性质相同，且在时间上同步（电位性质是指抑制性电位或者兴奋性电位）。那么，在空间中的任意一点（除锥形细胞外），两个电场之间方向趋势相同，根据电场空间的叠加原理，在该处的电场就是两个电场之和。也就是说，在这种情况下，电场相互加强。

如果大量锥形细胞按这种方式排列并工作，其促发的信号就由于大量信号的叠加加强达到记录的要求。这种大量偶极子极性相同、空间叠加、电场增强的情况，我们称为同步响应。

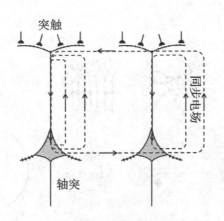

图 4.23　同步电场

　　两个锥形细胞形成的电场，如果性质相同，同为兴奋性电位或者抑制性电位，在空间中任意一点，电场趋势相同，电场叠加并得到加强。这种情况，称为同步响应电场。

（2）异步响应

　　与同步电场原理相同，两个锥形细胞促发的性质完全相反，一个为兴奋性电位，另一个为抑制性电位。在空间中的任意一点（除锥形细胞外），两个电场之间方向趋势相反，根据电场空间的叠加原理，在该处的电场就是两个电场之和，叠加的结果是电场强度相互削弱。这种情况，称为异步响应，如图 4.24 所示。

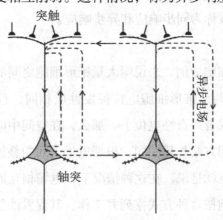

图 4.24　异步电场

　　两个锥形细胞形成的电场，如果性质相反，一个为兴奋性电位，另一个为抑制性电位，在空间中任意一点，电场趋势相反，电场叠加而削弱。这种情况，称为异步响应电场。

同步响应和异步响应表明，只有在同步条件下，在脑电记录的电极中，才有可能记录到脑电信号，这是非常关键的条件。

4.4.3　电极信号强度

在电极中记录到的脑电信号，其强度大小，由两个关键因素影响，即偶极子单元的方向和距离。

根据物理学知识，如果偶极子方向和电极方向垂直时，在垂直方向，电场最强，电势梯度也比较大，记录的脑电信号较强。如果偶极子方向和电极方向是平行的，电场较弱，梯度变化较小，在电极中无法记录到这种电位。而在一般情况下，偶极子则介于两者中间。

由于物理场随着空间距离逐渐减弱，因此电极距离偶极子越远，记录的电场也就越小；反之，则越大，如图 4.25 所示。

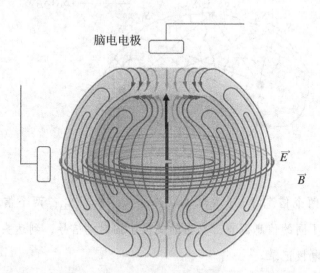

图 4.25　脑电强度与偶极子方向

偶极子和脑电电极垂直时，电场较强，平行时为零。

4.5 脑电信号传播因素

我们在上一节讨论了脑电信号本质和脑电信号发生条件，这为脑电本质理解提供了基础，也是我们利用脑电来揭示神经编码的重要基础。

在脑电实验中，记录的脑电并不是偶极子直接促发的电位，它和脑电诱发紧密关联，并且是我们后续提取脑电实验效应的基础。为此，在理解了脑电促发的神经机制的基础上，还必须弄清楚脑电实验中，记录的脑电数据和神经之间的关系。这个关系，也是我们后续脑电定位、信号提取等的关键基础。

4.5.1 头皮脑电混合信号

脑电信号是通过放置于头皮的脑电电极记录获取的。本质上来讲，头皮电极记录的电极信号是混合信号，为了说明这个问题，我们通过如图 4.26 所示来阐述。

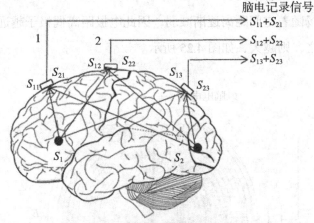

图 4.26　脑电电极记录的信号

S_1 和 S_2：两个信息源点。S_{11}、S_{21}、S_{12}、S_{22}、S_{13}、S_{23}：两个信息源到达不同电极的信号。不同的信息源点，发出的偶极子辐射电信号，到达头皮的电极，发生混合并被脑电电极记录。

假设存在两个锥形细胞形成的偶极子信息源点，记为：S_1 和 S_2。在大脑皮层上分别放置三个电极，编号分别为 E_1、E_2 和 E_3。

由信息源 S_1 发出的信号，经过介质传导，到达三个电极的信号分别记为：

S_{11}、S_{12} 和 S_{13}。第一个下标表示第一个信息源，第二个下标表示电极编号。同理，第二个信息源点到达三个电极的电压分别记为：S_{21}、S_{22}、S_{23}。

由物理学的电压叠加原理可知，在任何一个电极，记录到的电压就是这些信息源点发出的电信号在这些电极的叠加。由此，三个电极的电压分别是：$S_{11}+S_{21}$、$S_{12}+S_{22}$、$S_{13}+S_{23}$。依此类推，在实际情况下，任何一个电极记录的电压，都是锥形细胞形成的信息源点在电极中的混合。总之，本质上来讲，在头皮获得的脑电信号是一种混合信号。这就为利用脑电信号分析大脑的加工提出了很多技术和方法学要求。

4.5.2　影响头皮信号因素

（1）头皮传导介质

人的脑袋存在着三层结构：头皮、颅骨和脑组织。从电学出发，这三种结构，可以看成三种不同的导电介质，具有不同的导电属性。在脑电科学，人头往往简化为球体模型。考虑到这三种介质及其导电参数的球体模型，如图 4.27 所示。

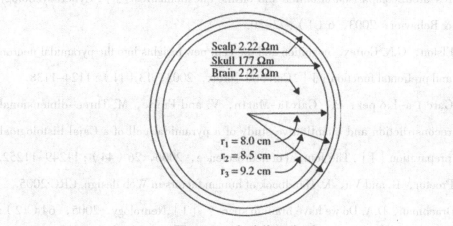

图 4.27　人脑传导介质

把头体分解为三层导电介质：头皮、颅骨和脑组织，并看成球体，就构成了头体的球体模型。

（2）容积传导

当在大脑这样的传导介质里存在一个偶极子时，电流就会通过介质四处发散传导，直至到达表面，这就叫作容积传导（volume conduction）。表现在头皮表面任意点上的电位将不仅依赖于源偶极子的位置与朝向，也依赖于头各个部分的阻抗与形状（最重要的是脑、颅骨与头皮；眼眶也有影响，特别是对于前额叶皮层的 ERPs 尤其如此）。

在人的头体内部，传导介质并不均匀分布。由大脑偶极子产生的电流传导，并非沿直线行进，而是通过容积导体进行扩散。根据物理学电学原理，电活动倾向于走最小阻抗的传导路线。这就给通过物理学算法来推测偶极子位置带来了困难。容积传导的因素是脑电科学中分析脑电信号精确性不可忽视的一个基本因素。

参考文献

［1］R.Kandel，E. 追寻记忆的痕迹［M］. 北京：中国轻工业出版社，2007：43-47.

［2］Riva，G.，Teruzzi T.，and Anolli，L. The use of the internet in psychological research: comparison of online and offline questionnaires［J］. CyberPsychology & Behavior，2003，6（1）：73-80.

［3］Elston，G.N. Cortex，cognition and the cell: new insights into the pyramidal neuron and prefrontal function［J］. Cerebral Cortex，2003，13（11）：1124-1138.

［4］Garc í a-L ó pez，P.，García-Marín，V. and Freire，M. Three-dimensional reconstruction and quantitative study of a pyramidal cell of a Cajal histological preparation［J］. The Journal of neuroscience，2006，26（44）：11249-11252.

［5］Proctor，R. and Vu，K. Handbook of human factors in Web design. CRC:2005.

［6］Drachman，D.A. Do we have brain to spare？［J］.Neurology，2005，64（12）：2004-2005.

［7］Alonso-Nanclares，L.，et al. Gender differences in human cortical synaptic density［J］. Proceedings of the National Academy of Sciences，2008，105（38）：14615-14619.

［8］Rapport，R.L. Nerve endings: the discovery of the synapse［M］. WW Norton &

Company: 2005.

[9] Squire, L., et al. Fundamental neuroscience [M] .Academic Press: 2012.

[10] Hyman, S.E. and Nestler, E.J. The molecular foundations of psychiatry [M] . American Psychiatric Pub: 1993.

[11] Smilkstein, R. We're born to learn: Using the brain's natural learning process to create today's curriculum [M] . Corwin Press: 2011.

[12] Speckmann, E.-J. Introduction of the neurophysiological basis of the EEG and DC potentials [J] . Electroencephalography: Basic principles, clinical applications, and related fields, 1993:15–26.

[13] Shepherd, G.M., The synaptic organization of the brain [M] .New York: Oxford University Press, 1974.

[14] Bennett, M. Similarities between chemically and electrically mediated transmission [J] . Physiological and Biochemical Aspects of Nervous Integration, Prentice-Hall, Englewood Cliffs, NJ, 1968: 73–128.

[15] Curtis, D.R. and Johnston, G.A. Amino acid transmitters in the mammalian central nervous system [J] . Ergebnisse der Physiologie Reviews of Physiology, 1974, 69, 97–188.

[16] Horcholle-Bossavit, G. Transmission électrotonique dans le système nerveux central des mammifères. [J] Journal de Physiologie（Paris）, 1978, 74: 349–63.

[17] Speckmann, E.-J., Caspers, H. and Elger, C. Neuronal mechanisms underlying the generation of field potentials [J] . Self-regulation of the brain and behavior, 1984: 9–25.

[18] Speckmann, E. and Elger, C. The neurophysiological basis of epileptic activity: a condensed overview [J] . Epilepsy research, Supplement, 1991, 2: 1.

[19] Speckmann, E. and Walden, J. Mechanisms underlying the generation of cortical field potentials [J] . Acta Oto-Laryngologica, 1991, 111

（S491）:17–24.

[20] Rugg, M.D. and Coles, M.G. Electrophysiology of mind: Event–related brain potentials and cognition [M]. Oxford University Press: 1995.

第 5 章 脑电－眼动实验探测原理

视觉通道是人脑获取视觉信息的重要通道，正常人的大部分信息是通过视觉通道来完成的。同时，人的眼睛又是心灵的窗户，心理世界的很多信息，又可以通过人的眼睛的信息反馈，在行为学上有所体现。

脑电－眼动同步实验探测基本思想是建立在视觉神经通道基础上的探测，并实现两者之间在功能上的互补。在脑电实验探测原理，我们讨论了脑电工作的基本神经机制。因此，我们还要在讨论眼动探测的神经学基础上，建立脑电－眼动同步探测的共同性。因此，本章的目的有两点：

① 讨论眼动动力系统的基本神经机制，并找到眼动探测的基本原理；

② 讨论脑电－眼动同步探测的基本思想、神经学基础和实验原理。

5.1 眼动神经控制系统

脑电信号是锥形细胞的突触后电位，与神经编码直接关联，它是直接建立在神经的编码基础之上，直接反映了人脑皮层的编码关系。

与脑电信号不同，眼动测量的指标是行为指标。这个指标的机制与神经机制紧密关联，并通过反馈信号在行为上直接外显。

因此，要理解眼动信号的原理，我们首先要从眼动神经通路开始，逐步剖析它的实验原理。本节，首先来讨论眼动神经系统，确切地讲是眼动神经控制系统。

5.1.1 眼动神经功能分类

在人脑中，眼睛指向视觉目标，获取目标的信息，通过上行神经通路，在人脑中加工。加工之后，通过下行神经通路，驱动眼球运动。这个行为，往往也称为反馈。

为了实现按目标物加工的目的，视觉眼动系统需要完成以下两个功能：

① 对出现在视网膜中央窝的目标物，必须使目标物稳定在视网膜上，并达到足够时间，使视觉系统完成信息采集；

② 对未出现在视网膜中央窝的待加工目标物，视觉系统需要完成从当前目标物到待加工目标物的指向。未出现在视觉系统中央窝的目标物，是模糊的、缺乏细节的。只有实现中央窝对目标物的指向，才能够完成加工，如图 5.1 所示。

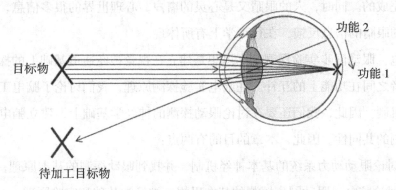

图 5.1 视觉系统功能

视觉眼动系统具有两个基本功能，第一个功能是使当前目标物稳定在视网膜上，具有充足加工时间。第二个功能是使眼球旋转，并使待加工目标物落在视网膜上，即指向作用。

从上述眼动系统两类功能出发，眼动神经系统被划分为两大类六个系统：视觉图像维持系统、视觉图像指向系统。

视觉图像维持系统的目的是使视觉目标物维持在视网膜上。实现这个功能的神经系统包括：固视系统、前庭系统、眼球震颤系统。视觉图像指向系统的目的是通过眼球移动，使待加工目标物移动到视网膜中央窝处。这个系统包括：跳视系统、平滑追踪（追随）系统、聚散系统。这些神经系统的功能逻辑关系，如图 5.2

所示。图示表明，任何一级神经系统，都是通过脑干对眼动肌肉实现控制，诱发
眼动。

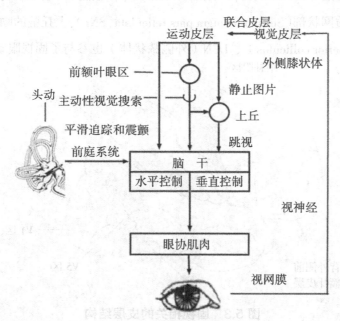

图 5.2　眼动神经通路

视觉信息经过视网膜输入，沿视神经输入大脑，并经大脑加工后，通过各路
眼动神经控制系统，经脑干，诱发眼动肌肉动作，实现眼球控制。

如前文所述，固视不是眼睛的绝对静止状态，而是包含三种不同的微小眼
动——微跳视、微颤和漂移。既然有这些微小眼动，必然会有一些脑区参与了固
视的过程。而对应三种微小眼动，其视觉系统的神经发放必然不同。由于研究固
视的神经系统会采取一些侵入性的技术，如单细胞记录等，研究者常使用有中央
窝视觉的灵长类动物，如猴子作为研究对象。最近的一些研究发现：皮层及皮层
下组织的广泛脑区参与了固视。三种微小眼动的神经编码各有特点，且它们的编
码策略可能实现了视觉的某些功能。

5.1.2　固视神经系统

与固视相关的皮层有：V1 区、顶叶眼区(外侧顶内沟和7A 区)、V5 区和V5(MT

区即颞中区和 MST 区即颞上区）、辅助性眼动区（supplementary eye field）、背外侧前额叶皮层（dorsolateral prefrontal cortex）等，如图 5.3 所示。另外，脑干的基底核的黑质网状部（Substantia nigra pars reticulata, SNr）、上丘脑的吻侧柱（rostral pole of the superior colliculus）、LGN（外侧膝状体）也参与了固视眼动过程。

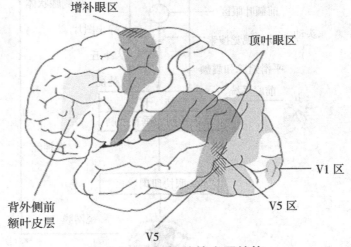

图 5.3　固视相关的皮层结构

参与固视的大脑皮层包括多个脑的皮层区：V1 区、顶叶眼区和增补眼区等。

5.1.3　前庭反射通路

前庭神经系统，依靠耳蜗的刺激感受器，感知头部运动[1, 2]。并把这种信号传输给脑干，促发前庭眼球反射运动，使视网膜视像保持稳定。属于非自主行为，是一种外源性眼动。

前庭神经通路是：前庭感受器→前庭神经节→位听神经→前庭核团→内侧纵束→脑干眼动核团（外展神经核、滑车神经核、动眼神经核）→外展神经、滑车神经、动眼神经→眼肌[3]。此外，大脑皮层对前庭眼球反射有监控、调节作用，小脑的绒球也参与了前庭眼球反射。

5.1.4　平滑追踪神经通路

当物体的像在视网膜上低速运动（角速度低于 120°/s）时[4]，神经通路会基于视网膜上像的位置变化，计算像的移动速度，并向脑干发出连续追踪信息。双眼连续对目标物追随，使运动物体的像相对稳定在视网膜中央凹区域，形成清晰的视像。这种现象称为平滑追踪眼动。

　　平滑追踪神经通路也是视动性眼球震颤的神经通路。主要涉及视觉的 where 与 what 通路，其中 where 通路更为重要，包括脑 7 区、额叶眼区、额叶附属眼区、脑桥核、小脑等[5, 6]。

　　① 刺激驱动的平滑追踪神经通路：视网膜 M 型神经节细胞→外侧膝状体的大细胞层→ V1 区→ MT、MST、7 区→脑桥核、下橄榄核→小脑→前庭核团→脑干眼动核团→外展、滑车、动眼神经→眼肌，该通路根据刺激的运动信息，诱发眼动，属于外源性诱发眼动。

　　② 目标驱动的平滑追踪神经通路：视网膜 M 型神经节细胞→外侧膝状体的大细胞层→ V1 区→ MT、MST、7 区→额叶眼区（FEF）、额叶附属眼区（SEF）→脑桥核→小脑→前庭核团→脑干眼动核团→外展、滑车、动眼神经→眼肌，如图 5.4 所示。

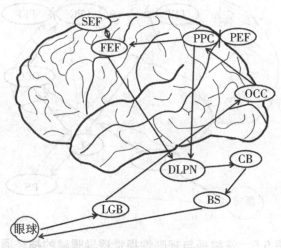

图 5.4　平滑追踪的神经通路

　　其中，LGB 为外侧膝状体；BS 为脑干；DLPN 为脑桥核；CB 为小脑；OCC 为初级视皮层；PPC 为顶叶皮层；PEF 为顶叶眼区；FEF 为额叶眼区；SEF 为额叶附属眼区。

5.1.5 跳视神经系统

跳视分为非自主性跳视与自主性跳视两类，而非自主性跳视，又称为反射性跳视，它包含两个成分：快跳视、规则性视觉诱导眼跳。自主性跳视又可分为三类：反向跳视、记忆导向性眼跳、预测性眼跳。这里按这五类跳视来分别描述其神经通路。

快跳视是反射性跳视的第一个成分。它的神经通路比较简单：视网→视神经→外侧膝状体→V1 区→上丘→脑干眼动核团→外展、滑车、动眼神经→眼肌，如图 5.5 所示[7]。此外，快跳视的神经通路也会受到额叶眼区和背外侧前额叶皮层（DLPFC）的抑制控制。

规则性视觉诱导眼跳也是反射性跳视的第二个成分。神经通路是：视网膜→外侧膝状体→V1 区→后顶叶、顶叶联合皮层→额叶眼区（FEF）→上丘→脑干眼动核团→外展、滑车、动眼神经→眼肌。

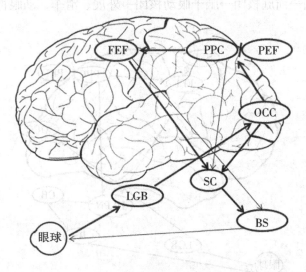

图 5.5　快跳视与规则性视觉诱导眼跳的神经通路

其中，LGB 为外侧膝状体；SC 为上丘；BS 为脑干；OCC 为初级视皮层；PEF 为顶叶眼区；PPC 为顶叶皮层；FEF 为额叶眼区。

反向眼跳（antisaccade），是指眼球指向刺激呈现的相反空间位置的眼跳，神经通路是：视网膜→外侧膝状体→V1 区→后顶叶、顶叶联合皮层→额叶眼区、额叶附属眼区、前额叶背外侧皮层（DLPFC）→上丘→脑干眼动核团→外展、滑车、动眼神经→眼肌[7]，如图 5.6 所示。

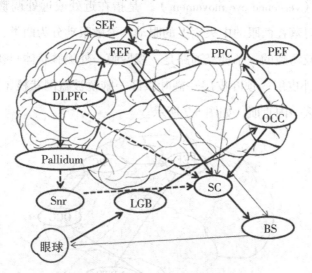

图 5.6　反向眼跳的神经控制

虚线表示抑制投射。其中 LGB 为外侧膝状体；SC 为上丘；BS 为脑干；OCC 为枕叶皮层； PPC 为后顶叶皮层；PEF 为顶叶眼区；FEF 为额叶眼区；SEF 为附属眼区；DLPFC 为前额叶背外侧皮层； Snr 为黑质网状带。

记忆导向性眼跳，是指由空间信息的内部表征（空间工作记忆）所驱动的眼跳。该神经通路还不完全清楚，除了跳视所涉及脑区外，还涉及其他众多脑区，主要包含以下三个功能区域：

① 后顶叶皮层（PPC），此区域在视觉空间整合[8]；

② 额叶眼区（FEF）与前额叶背外侧皮层（DLPFC），DLPFC 区在空间工作记忆与抑制记忆过程中的非必要眼跳中有着重要的作用[9]；

③ 运动辅助区（SMA）[7]。

预测性眼跳，是指将眼球转向预期靶刺激位置。该领域的研究仍然缺乏，神经通路并不完全清楚。与之有关的脑区主要有：基底神经节、额叶眼区与运动辅助区。

5.1.6 聚散眼动神经通路

聚散眼动（vergence eye movement），是指在近处或远处调整注视点，使得目标物的像同时落在两眼的中央窝上的眼动。聚散眼动分为两类：辐合与辐散。目前研究得比较清楚的一条神经通路是：视网膜→外侧膝状体→初级视皮层（纹状皮层）→纹外皮层→顶叶皮层→额叶眼区→脑桥被盖网状核（NRTP）→小脑→前动眼神经区→内直肌，如图 5.7 所示。

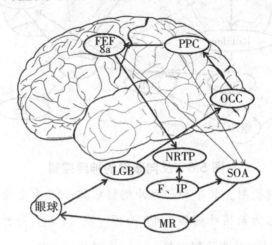

图 5.7 聚散眼动的神经通路

LGB，外侧膝状体；OCC，初级视皮层；PPC，顶叶皮层；FEF，额叶眼区；8a，额叶眼区的扩展，在聚散眼动中起重要作用；NRTP，脑桥被盖网状核；F，小脑顶核；IP，小脑后间位核；SOA，前动眼神经区；MR（medial rectus），内直肌。

5.2 眼动探测原理

眼动实验探测目的，就是通过眼动指标提取，研究低级阶段加工和高级阶段加工的规则。但是，我们获取的眼动指标，并不完全是低级阶段和高级阶段的加工的一阶效应。这就需要把眼动各个环节的机制弄清楚，才有可能清晰理解低级阶段加工和高级阶段的加工。我们将从眼动控制模型出发，逐步讨论这些环节。本节，首先讨论眼动机械控制的系统。

5.2.1　眼动控制模型

根据图 5.2 的眼动神经通路，把视觉神经通路的功能环节进行合并，并把它们之间的关系进行简化，得到视觉神经通道的控制模型。视网膜采集到视觉信息后，经过神经通道，到达视觉皮层，并经 what 通路和 where 通路，到达高级皮层。我们把这个上行环节合并为两个功能环节：低级阶段加工和高级阶段加工。经过这两个阶段之后，分别经过对应的反馈神经通路到达脑干，即通过眼动神经通路到达脑干，实现眼动控制的两大功能，如图 5.8 所示。

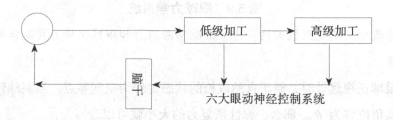

图 5.8　眼动控制模型

视觉系统，通过上行神经通过，经过低级阶段和高级阶段的加工之后，通过六大神经控制系统，经脑干对眼球实现控制。

5.2.2　眼球力学系统

眼球和其外围包裹的肌肉，构成了眼球旋转的机械系统。为了理解这个机械系统，可以根据物理学定律进行因素简化。眼球机械系统，包含三个动力因素：肌肉弹性力、粘滞阻力和眼球扭转力。

如图 5.9 所示，包围眼球的制动肌肉，通过肌肉收缩和防松，使眼球运动，对于肌肉而言，肌肉在拉动过程中，可以理解为一个弹性体发生弹性形变并恢复的过程，因此，肌肉可以理解为弹性材料，所发生的形变为弹性形变。设整个肌肉系统的弹性系数为 k，根据胡克定律，弹性形变的回复力为：

$$f=kx \tag{5-1}$$

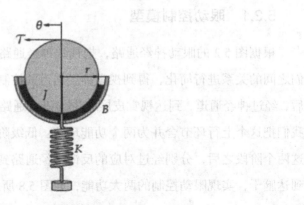

图 5.9 眼球力学系统

眼球机械系统受到肌肉的弹力、眼眶粘滞阻力和眼球扭转力共同作用，发生旋转运动。

当眼球正视远处时，属于自然放松的状态，作为空间零点。当眼球转过某个角度，其角位移为 θ。那么，弹性恢复力的大小就可以改写为：

$$f \approx kr\theta \tag{5-2}$$

其中 r 为眼球半径。

眼球在眼眶中运动，眼眶中存在着润滑液。从物理学出发，润滑液会形成粘滞阻力。对于低速运动的物体，眼球粘滞阻力可以表示为：

$$f = r_e \frac{\mathrm{d}x}{\mathrm{d}t} \approx r_e r \frac{\mathrm{d}\theta}{\mathrm{d}t} \tag{5-3}$$

其中 r_e 为眼球粘滞系数。

此外，来自脑干系统的控制系统，通过频率编码，促发眼球外部肌肉的运动神经元，促发肌肉收缩，引起眼球动作，这个力称为肌肉扭转力，如图 5.10 所示。

神经频率发放

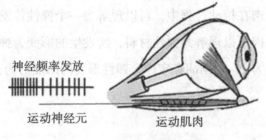

运动神经元　　　　　运动肌肉

图 5.10 眼动的肌肉控制

神经传输的信号是动作电位信号。每发放一次就是一个电脉冲，肌肉就收缩一次，形成肌肉扭转力。

由于动眼神经的频率发放是不连续的，因此眼球受到的肌肉扭转应力也是不连续的，记为式（5-4）。

$$\tau\ (t) \tag{5-4}$$

对于动眼神经，神经每发放一个电脉冲，肌肉就会收缩一次，产生肌肉应力。由此，导致眼球受力失衡，眼球发生旋转，运动状态发生改变，表现为眼球姿态改变。这个拉力被称为眼球运动的扭转力。

5.2.3　眼球定轴转动模型

为了描述眼球动力学机制，Westheimer（1954 年）提出了眼球旋转的定轴转动模型，获得巨大成功 。

该模型把眼球看成一个刚体，并做定轴转动。则根据物理学的刚体定轴转动定律，可以得到：

$$J\frac{\mathrm{d}^2\theta}{\mathrm{d}t^2}+B\frac{\mathrm{d}\theta}{\mathrm{d}t}+K\theta=\tau\ (t) \tag{5-5}$$

该方程就是眼球满足定轴转动的动力学方程。其中，J 为刚体转动惯量，$\dfrac{\mathrm{d}\theta}{\mathrm{d}t}$ 为角速度，$\dfrac{\mathrm{d}^2\theta}{\mathrm{d}t^2}$ 为角加速度。

眼球运动的动力学方程，为我们提供了一种通过眼动旋转，来预测眼动神经编码的一种方法学。即一旦我们测定了眼动旋转的角度 θ，就可以计算角加速度 $\dfrac{\mathrm{d}^2\theta}{\mathrm{d}t^2}$、角速度 $\dfrac{\mathrm{d}\theta}{\mathrm{d}t}$，从而计算出 $\tau\ (t)$，而 $\tau\ (t)$ 恰恰和运动神经元的神经发放频率相对应。在眼动角度比较小的情况下，该式理论结果和实际结果相符合。

5.2.4　速度、位置码神经控制通路

眼球的机械系统，需要完成两个关键动作：①注视点维持在空间中的一点；②眼球在两个注视点之间移动。本质上来讲，前者属于眼动系统空间位置控制，

后者属于眼球系统的速度控制。

在脑干中，存在着两种细胞：P细胞和B细胞，分别对眼动空间位置和两个位置之间的速度进行编码，如图5.5的神经通路进行整合。

P细胞工作时，所释放的频率编码是位置码，与空间的位置相对应，它的发放频率是一个恒定值。B细胞工作时，P细胞停止工作，它的频率编码对应眼球移动速度，发放频率高于两个跳视位置的频率发放信号。这两种信号，经过神经通路和眼球相连接，实现眼球的空间位置定位和眼球的移动，如图5.11所示。

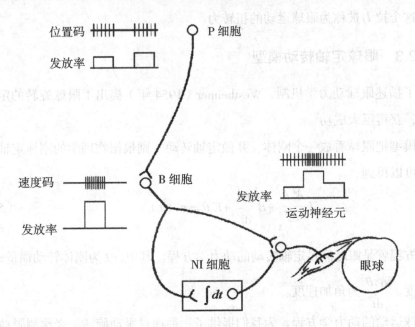

图5.11 脑干空间位置和速度控制

P细胞负责位置编码，B细胞负责速度编码。当眼睛从当前位置转向新位置时，P细胞停止工作，B细胞工作，促发眼动速度码，眼动结束时，P细胞工作，促发新位置的神经发放编码。

5.2.5 眼动探测实验原理

眼动仪的型号有多种，但是大部分的眼动仪记录，都是通过各种不同技术，实现对视轴位置记录。在此我们主要以图像学眼动仪为例，来讨论眼动实验探测的基本原理。

图像学眼动仪的基本原理是：通过光路补偿技术，计算出眼睛的注视点，并获取眼睛在空间中的移动轨迹。眼动的数据，都是通过眼动仪来记录的。其基本的探测原理是：确定视轴方向，也就确定了人眼的注视点位置。因此，只要确定视轴上的两个点——中央窝位置和晶状体透镜中心，就可以确定注视方向。但是，以图像学为基础的眼动记录方法，无法直接确定中央窝位置。因此，无法直接测定视轴方向。

对于同一被试者而言，视轴和光轴之间的夹角是恒定的。如果测出眼球光轴方向，就可以利用这个关系，通过夹角补偿，得到眼睛注视方向，获取注视点位置，这种方法，称为补偿方法，这是基本测量思想，如图 5.12 所示。

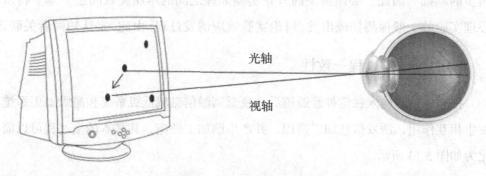

图 5.12　光路补偿原理

眼动仪直接测量的结果是眼睛光轴，并通过测量获得眼睛光轴和视轴之间的夹角。利用该夹角计算出视轴位置，并获取眼睛的注视点和空间轨迹。

因此，眼动探测实验原理是：通过刺激输入视觉神经通道，诱发眼动的各级神经通路反应，经过低级阶段加工和高级阶段加工，获取眼动系统的反馈信号。通过眼动轨迹来推测眼睛的加工过程。这是眼睛加工的基本探测原理。

5.3　脑电 – 眼动实验原理关联

前面我们已经在技术上回答了如何把两个系统关联在一起。但是，把脑电和眼动同步并关联起来，是个方法学问题，而不是简单技术问题，由其研究的对象、哲学、原理和测量学等各个层次的方法学所决定。在实验系统构造中，我们回答了以下两个关键问题：

① 脑电－眼动实验探测的哲学根源。脑研究探测思想本源一致，这在根本上决定了两者联合的可能性；

② 脑电－眼动实验探测的技术根源。在技术上，两者探测技术本质一致，在技术层面解决了两者联合的可能性。

实验原理是所有实验开展的基础。即所有实验研究都是基于实验基本原理来开展探测的。我们已经回答了脑电实验原理和眼动实验原理，它是实验系统中第一基本关系。我们认为，两种方法学实验原理内在的关联性，是两者联合同步的基础。因此，必须解决两者在实验原理之间的本质关联问题。本节将从心理实验的一般探测构成出发，讨论实验效应诱发过程。由此，来认知两者关联。

5.3.1　诱发过程一致性

把图像信息输入视觉神经通道后，视觉刺激信息域低级系统和高级加工系统发生相互作用，诱发信息加工过程，并产生脑加工效应，其基本诱发过程可以简化为如图 5.13 所示。

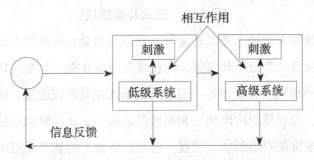

图 5.13　视觉通道实验效应诱发过程

视觉信息通过视觉通道，输入人脑的低级系统和高级系统，刺激与低级系统和高级系统发生相互作用。经过低级阶段和高级阶段加工后，输出实验效应。

在同一个实验设计中，无论是采用脑电测量还是眼动测量方式，它们具有的共通性包括如下两点：

① 刺激信息所历经的神经过程的脑区域相同，或者说脑加工环节相同。在非同步实验中（采用脑电实验或者眼动实验单独实验时），可能会由于实验误差、实验被试者的差异、实验控制变量误差等，则并不一定完全相同；

② 刺激信息的加工机制相同。即对同一被试者同时记录的脑电和眼动数据，都是经过相同的脑加工过程，机制必然相同。这为后续分析的内在一致性奠定了基础。

以上两点也表明，脑电 – 眼动同步实验，在天然上具有内在的一致性，这个一致性，是由脑电、眼动的加工过程的一致性所决定的。

知识链接

where 通道和 what 通道，如图 5.14 所示。

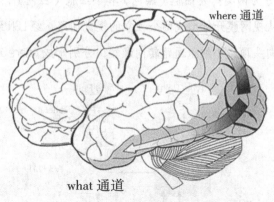

图 5.14　where 通道和 what 通道

what 通路即颞叶通路又称为小细胞通路、P 细胞通路；where 通路即顶叶通路，又称为大细胞通路、M 细胞通路。

人脑的视觉通道，从眼球视网膜就开始分化。视网膜细胞分为两类：大细胞和小细胞。这两类细胞形成的通路，沿 LGN 到达后脑的 V1 区。大细胞通路沿头顶上行，形成 where 通道。小细胞经颞侧下行，形成 what 通道，如图 5.15 所示。这两路通道，分别实现不同的神经功能，where 负责空间信号、运动信号的探测。what 通道则负责信号的识别，其功能和走向的简化图如图 5.16 所示。

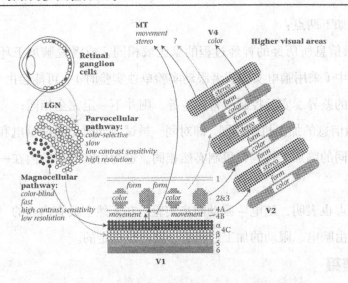

图 5.15　大细胞和小细胞分化的神经通路

视网膜的细胞分为两类：大细胞（黑色）和小细胞（白色），这两路细胞分别独立传输视觉信息，从视网膜开始形成两个独立的视觉通路，经 LGN 到达初级视觉皮层，然后大细胞通路转向头顶，小细胞通路转向颞侧，分别形成 where 通路和 what 通路。

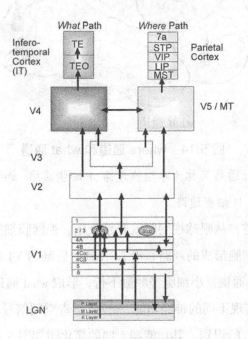

图 5.16　路径简化图

where 通路从 M 路径输入，所以它和运动知觉有关（运动路径）。因为它直达顶叶皮层，这一路径也称为上行通路。what 通路从 P 路径输入，所以它与形状和颜色的知觉有关。因它下达颞下皮质，所以这一通路也称为下行通路。

5.3.2　诱发效应互补性

在同一实验中，我们采用脑电测量或者眼动测量方式，实际上是对脑诱发的不同效应的测量。我们通过几个指标对比来看两个系统的互补性。

（1）实验效应量

在实验系统测量中，我们对实验测量参量进行了归类。包括：物理量与化学量、信息量、行为量。

脑电测量的量包括：突触后电位、眼电。其中眼电是眼球在活动过程中引起的电位变化，脑电是脑活动过程中脑皮层的突触后电位，是编码的间接反应。这两种量都属于电生理量。而眼动测量的量，属于行为量，来自低级阶段和高级阶段加工的反馈反应，这就意味着：两者借助不同的效应量，揭示同一心理过程，如图 5.17 所示。

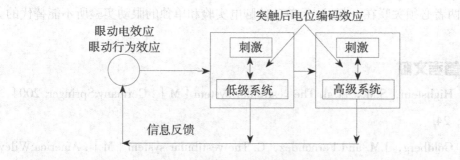

图 5.17　脑电 – 眼动诱发效应关系

脑电记录的信号包括皮层信号和眼动的电生理信号。眼动仪记录的信号是眼动记录的行为信号。

（2）测量子系统

脑系统包含很多子系统，这些子系统参与了脑加工的各个不同环节。当向视觉系统输入刺激后，通过眼动记录，可以确定输入神经系统的刺激信息。而加工过程中的编码信号却无法监测，脑电信号恰恰可以记录这个过程中子系统的加工的电生理信号。而在脑的研究中，我们需要解读的是刺激和加工之间的关系，通过这个关系来研究脑加工的机制。从这个意义上来讲，两种记录方式之间，存在着互补，如图 5.18 所示。

图 5.18　时间过程的互补

眼动记录的是脑的行为信号。通过行为信号可以判断输入视觉系统的信息。而脑电信号是记录的脑活动过程中神经编码信号。在时间进程上，两者之间存在着互补。

这种诱发效应上的互补性，表明：在实验原理层次，两者之间就存在着紧密关联，尽管测量的实验量并不相同。这种实验原理的相互依存关系和互补性，导致了两者必须关联在一起，这是单独的脑电实验和单独的眼动实验所不能替代的。

参考文献

［1］Highstein，S.M.，et al. The vestibular system［M］. Germany:Springer, 2004，24.

［2］Goldberg，J.M. and Fernández，C. The vestibular system［M］. America:Wiley Online Library，2011.

［3］久荣 . 神经解剖生理学［M］. 北京：北京大学出版社，2004.

［4］雄里，视觉的神经机制［M］. 上海：上海科学技术出版社，1996.

［5］Leigh，R. and Zee，D. Tue neurology of eye movements［M］. Britain:Oxford University，1999.

［6］冯成志，等 . 平滑追踪眼动的神经机制综述［J］. 应用心理学，2008，1(14)：

71-76.

［7］Broerse, A., Crawford T.J., and den Boer, J.A.Parsing cognition in schizophrenia using saccadic eye movements: a selective overview ［J］. Neuropsychologia, 2001, 39（7）: 742-756.

［8］李新旺.生理心理学［M］.北京：科学出版社，2008.

［9］Pierrot-Deseilligny, C., et al. Cortical control of reflexive visually-guided saccades ［J］. Brain, 1991, 114（3）: 1473-1485.

第三部分
脑电 – 眼动测量与记录原理

第6章 脑电－眼动实验测量学原理

第二部分的第 2~5 章，解决了脑电－眼动实验联合的实验原理问题。即从学理角度，回答了两种方法的原理基础，并在理论上解决了两者之间的功能互补关系。这个问题，也是实验系统中的第一个基本关系问题。

在实验原理基础上，就可以开展实验设计。具体来讲，就是实验方案的设计。在实验科学中，实验的设计形成了很多的理论。在科学研究中，实验设计是在实验原理的基础上，对整个实验系统的要素、流程的系统性规定。在现代实验科学中，实验设计都是建立在误差科学、统计学和测量学的基础上，即数理的测量学是实验设计的基础。

因此，本章将根据实验系统的控制学模型，从实验测量学出发，讨论"实验设计"的理学框架，或者说"实验方案"制定的逻辑学框架。并由此出发，讨论脑电－眼动实验设计问题。

6.1 实验测量学模型

我们在实验系统中，讨论了实验系统要素和控制关系。这是一个系统学和控制学的理解框架。我们需要把这个控制学意义上的框架，转化为数理描述框架。通过这个框架，为后续实验设计提供理论依据。本节，将要从数理角度，讨论实验控制系统的数学表达形式，为实验测量奠定基础。

6.1.1 实验测量学模型

大脑的基本探测方式是：向大脑中输入信息量，对大脑产生作用，大脑经过系列加工，诱发各种层级的响应（生理、行为等），诱发实验的效应量：物理化学量、生理量、信息量、功能行为量变化。在心理学中，输入的信息被称为刺激（S），诱发的实验效应称为响应（R）。

一般情况下，实验都是在可控模式下来实现的。为了便于研究脑加工机制，实验中往往要对各种实验变量进行控制。用数学语言来讲：输入信息称为自变量，诱发实验效应称为因变量。在实验中，我们一直期望某些变量不发生变化，而使得这些量保持恒定，这类变量我们称为控制变量[1]。

而那些无法控制或者未知的影响因素我们称为非控制变量。如图 6.1 所示，这个数理逻辑关系，称为实验测量学模型。它是所有实验研究的基本数理表达[2]。

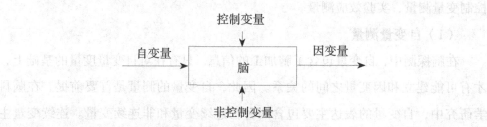

图 6.1 实验测量学模型

输入脑的信息称为自变量，输出效应称为因变量。在实验中不变的因素称为控制因素，未知的或者无法控制的因素称为非控制因素。

在实验科学中，实验中的自变量和控制变量也称为实验条件。实验条件是实验效应诱发的前提条件。实验的基本特性是可重复性，而可重复性就是在同等条件下，实验效应可以重复出现。

6.1.2 测量学的基本任务

测量就是给变量进行赋值，即通过一个度规（标尺和空间的规定），来对变量进行度量。在实验心理学中，就是要对自变量、因变量、控制变量进行度量。它需要解决两个基本问题，这就构成了心理测量的基本任务。

脑及其加工现象，是意识运动现象。它是自然界普遍运动现象在精神上的体现。任何一类运动现象都有自己对应的空间，并在该空间中度量这类现象。从测量学上来讲，就是要建立心理测量的度规。通过一个普遍意义的、标准化的度规表示心智现象。迄今为止，我们仍然没有建立一种普遍意义上的心理度规。这是脑科学研究的基本难题之一，也是测量学必须解决的基本问题之一，或者说是心理测量学的基本任务之一。

测量就是给变量赋值的过程。即通过度规，给出变量的值。在心理学科及其交叉学科中，由于缺乏统一性度规，测量方式也是极其混乱。

6.1.3　实验测量分类

从实验测量学模型出发，根据变量的种类，实验测量分为三类：自变量测量、控制变量测量、实验效应测量。

（1）自变量测量

在脑探测中，自变量包含了脑加工的信息。只有在对自变量度量的基础上，才有可能建立和因变量之间的关系。因此，自变量的测量是首要前提。在脑科学研究中，自变量的表达主要包含两种：连续变量和非连续变量。连续变量主要出现在心理物理研究中，这时的自变量是刺激中包含的物理量，根据物理学，这些变量往往是连续可测的变量，所以是连续量。而在社会心理研究中，刺激包含的自变量难以度量，往往采取等级表达的方式来表达，这种变量都是非连续量。

（2）因变量测量

因变量是脑加工的效应量。我们在前文讨论了这类变量分类：物理、化学量、信息量、生理量、功能行为量。同样，这些量由于所涉及的学科并不相同，在测量的过程中，也被分为连续量和非连续量。

控制变量测量与上述相同，在此不展开论述。

知识链接

情绪测量

情绪是一种主观性心理体验，由多种感觉、思想和行为综合产生。情绪的产生往往伴随着多种成分：主观体验、外周行为变化以及认知成分[3]。情绪作为一种非连续变量，对其测量时应明确所要测量的自变量和因变量。

在实验科学中，通常采用间接测量法来对情绪进行测量。测量的变量包括：反应时（reaction time）、正确率（accuracy）等。

在心理实验中学，往往向被试者呈现三类不同的情绪表情，要求被试者迅速地判断出现的表情类型，是积极表情、消极表情还是中性表情，如图 6.2 所示。在该类实验中，表情类型为自变量，因变量为识别正确表情的反应时、识别的正确率。反应时的快慢就反映了被试者对于不同情绪的表情识别是有差异的，可能会更容易识别某些情绪的表情，表现出一定的表情偏好。正确率则反映了被试者对于不同情绪表情识别的准确程度。正确率越高，则被试者对于某些情绪表情的识别就更准确。

图 6.2　情绪表情识别实验刺激图

反应时和正确率反映了被试者对于不同情绪表情识别是否有差异和偏好。

6.1.4　单变量和多变量控制

根据自变量数目不同，实验又分为单变量实验控制和多变量实验控制[4]。单变量实验设计是通过控制单一变量（或因素）的变化来研究因变量的变化规律；多变量实验设计是通过控制两个或两个以上变量（或因素）的变化来研究因变量的变化规律[5]。

色情刺激变量研究的实验变量控制。

性信息的加工过程是一个内隐加工过程，研究内隐加工过程的有效工具是双眼竞争实验范式。所以利用双眼竞争工具，便可以测量性信息加工过程。

双眼竞争是指给观察者呈现不同图像时，这两个图像会相互竞争，以获得眼球的青睐，最终观察者会看到两个图像交替出现。这个过程不受意识控制，这样实验者就能根据参与者在各图像上停留的时间，来确定哪个图像更能抓住大脑的注意力[3]。已有研究表明：双眼竞争的知觉交替现象是一个随机过程，由波动的时间常数所支配。而且，单个刺激任意知觉状态持续时间的频率分布满足于 γ 分布。γ 分布和刺激的特性直接相关。

视觉刺激图片中包含多种和性有关的信息，例如，姿势、表情、性征、暴露程度等。这些构成了性信息加工的变量。

在双眼竞争中，采用单因素实验设计,研究刺激图片中的性信息，如图6.3所示。其中的一个眼睛刺激始终不变，另一只眼睛呈现的刺激，面部表情相同，暴露程度相同，只有姿势发生变化，因此，属于单因素控制。同样，也可以采用姿势相同，暴露程度不同的刺激，研究暴露程度对性体验影响。如果，同时考察这两个变量对性体验影响，则属于多因素实验控制。这一研究即可称为多变量实验设计。

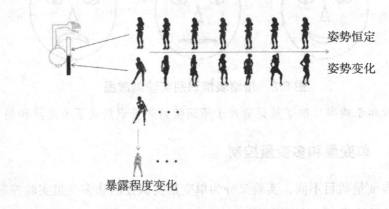

图 6.3　色情实验研究

本实验考察的是观察者对图片色情等级判定的影响因素,设置了两个自变量:姿势和暴露程度。

6.2　实验变量测量

现代的实验科学是统计学、误差理论和测量结合的产物。这些理论通过实验测量学体现出来，并构成了实验设计核心。因此，本节从最基本的测量学出发，解构实验设计中的数理构造。

6.2.1　实验误差发现

当给定度规的情况下，任意一个变量，都对应一个真实值，也称为实验真值。但是，在测量时，由于实验中的不确定因素（非控制变量），我们无法得到实验的真实值。这个现象最初由伽利略发现[6]。

知识链接

伽利略理想斜面实验与误差

伽利略理想斜面实验是物理学中著名的实验之一。把一个小球放在斜面上，让其自由滑下，由于摩擦力存在，小球滑下一段距离后就会自动停止。按同一方式，重复实验时，伽利略发现，这些小球并不停留在同一个位置。而是围绕某一个位置前后分布。这个现象，后来被称为误差现象，也是人类历史上第一次报道误差现象，如图 6.4 所示。

图 6.4　误差现象

同一个小球从同一高度被释放，滑行一段时间后，停留在某一位置。多次重复试验时，小球位置并不稳定，而是围绕某一位置前后分布。

6.2.2　实验测量学公式

实验科学中，把真实值和测量值之间的差异，定义为误差。由于实验误差存在，每次测量值都不会绝对相同。如果做无限次测量，测量的平均值就无限趋近于真实值。在现实情况下无法做到，通常采用有限次测量，获取平均值，作为真实值的估计值，这就是实验抽样，如图 6.5 所示。

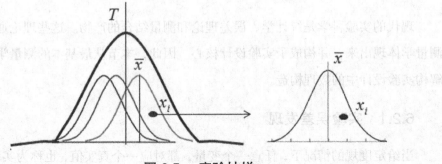

图 6.5　实验抽样

有限次的实验测量获得了一个样本，样本的分布也称为测量的分布，测量值与样本平均值之间的误差称为测量误差，样本平均值和真实值之间的差异，称为抽样误差或者系统误差。完全相同的实验条件下，测量值往往围绕在真实值附近波动。误差就是真实值与测量值之间的差异。

样本平均值和实验真实值之间的误差称为抽样误差或者系统误差，每个样本中的测量值和样本平均值之间的差异称为测量误差或者随机误差。系统总误差为：

$$误差 = \sqrt{系统误差^2 + 随机误差^2} \qquad （6-1）$$

根据统计学点估计和区间估计，若样本的平均值为 $\bar{x}$，真实值记为 T。则具有以下关系：

$$T = \bar{x} \pm \sigma \qquad （6-2）$$

其中 σ 为误差。

在实验真实值测量中，测量学公式，给我们提供以下两个方面的含义：

① 任何实验真实值测量，都不能通过单次测量来完成，必须通过反复测量才能得到样本平均值；

② 任何实验都存在误差，在实验设计中，必须尽可能地降低实验的总误差。降低实验的总误差，是实验设计中的一个核心思想。

6.2.3　静态测量

在实验测量中，我们测量的某个变量和脑加工的时间进程没有关系。例如，让被试者回答一个问题，并通过 "对、错" 来对实验结果进行编码，得到实验结果。这种测量方式，并不关注加工的过程，而只是关注最后的结果，这类变量，我们称为静态量。静态量测量，直接利用公式（6-1）（6-2），进行多次测量就可以得到实验的测量值。

6.2.4　随机过程测量

脑电和眼动实验数据不同。例如，脑电的电压指标，随着时间时刻发生变化。这些实验数据，就是随机过程数据。

在心理学中，我们把每次呈现一次刺激就会得到随时间变化的数据，称为一次 "时间抽样"。一次抽样也称为一个试次。

我们把刺激出现的时刻记为 0 时刻。在同等条件下，测量多次就会得到多次实验数据的时间抽样。

任意给定时刻 t，由于实验测试的条件完全相同，因此，引起 t 时刻测量值变化的就是随机误差。由此，即可根据测量学公式，把 t 时刻点的所有事件数据，理解为一个静态测样点，即理解为一个经过多次测量的一个样本。那么根据测量学公式，就可以计算出在 t 时刻点的平均值和误差，如图 6.6 所示。

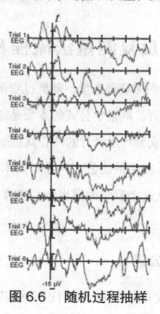

图 6.6　随机过程抽样

在同等实验条件下，每次测试（trail）是一次抽样，由于随机性，每次测试的数据并不完全相同，n 次测量的集合，称为一个随机过程。在同一个时间点 t，所有实验数据理解为一个样本，就可以得到样本的平均值和误差。

依此类推，在随机过程中，我们就可以得到所有时间点的平均值和误差。所有时间点的平均值随时间变化的曲线，称为随机过程平均值曲线，如图 6.7 所示。脑电、眼动实验数据属于典型的随机过程数据。

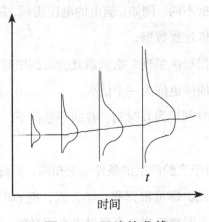

图 6.7　平均值曲线

每一时刻的平均值随时间发生变化，构成了随机过程的平均值曲线。

6.3　反复测量法流程及本质

实验测量学公式，为我们测量静态量、随机过程量奠定了理论基础。脑电、眼动实验也是围绕此基础来展开。测量学公式的本质是通过多次测量（反复测量），实现对真实值的估计。所有实验测量设计的核心就是围绕这个问题而展开。

在科学研究中，利用反复测量法公式，除了技术层面的含义，还有其方法哲学的源泉。因此，本节将从这个哲学源泉出发，来逐步讨论研究实验流程的设计问题。

6.3.1　反复测量的公设

在测量学中，我们并没有回答为什么可以反复测量。这是一个难以回答的问题，并在心理学研究及其交叉学科研究中，经常被忽视，并引起混乱。而在心理学研究的历史中，早有这方面的研究传统。

利用实验手段，设定同等实验条件，对脑进行测试。我们做了一个基本性公设：脑的加工具有规则性（规律）。在同样条件下，它们加工的规则也因此相同，同等实验现象也就会反复出现。导致实验现象微小变化的是实验的噪声。这个公设是反复测量法存在的基础。

6.3.2 心理实验基本流程

在实验心理学中，各种用于研究心理技能的方式和方法，称为实验范式（paradigm）[7]。它也是对某种心理技能的标准化探测流程的规定。大多数实验范式，具有一个实验任务（视觉搜索范式）[8]，有些实验范式也可具有多个任务，例如，任务转换范式（task-switching paradigm）[9]。

从实验刺激呈现到一个任务响应的完整操作，称为一个试次。在实验心理学中，执行一个试次，也就完成了一次测量。多个相同试次组合在一起，就可以完成多次测量，基本流程如图 6.8 所示。

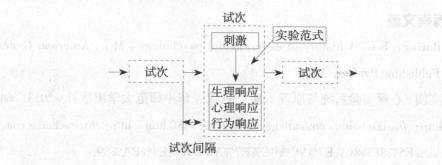

图 6.8 实验测试流程

实验中每个试次都相同，执行一个试次就完成一次测量。多个试次组合在一起，就完成了一次测量。

6.3.3 可重复测量类型

在心理学研究中，根据测量学公式，发展起来的研究类型包含两类：单被试单次测量和随机过程测量[10]。

（1）单被试单次测量

由于实验方法限制，在很多心理学施测中，对被试者只能施测一次，获取一个实验数据，这时，增加抽样样本容量的唯一方法就是增加被试者数量。从本质上来讲，单被试单次测量，通过大量被试者实现完整施测，借以消除被试者之间差异引起的误差。

（2）随机过程测量

单被试重复测量（repeated measure）[11]是指对同一研究对象（同一被试者）和某一观察指标，在不同场合（occasion，如时间点）进行多次测量。这时，增加抽样样本容量的方法就是增加测量次数。因此，一个实验样本数量的大小，并不是以被试者参加的数量多少为依据。

单被试者方法，从本质上来讲是对单被试者进行多次测量，获取规则性。单次测量具有随机性，多次测量的结果消除随机性，获取规则性。

无论上述哪种测量方式，都是通过多次反复测量，消除测量过程中的随机误差。

参考文献

[1] Boring, E.G. A history of experimental psychology [M]. America: Genesis Publishing Pvt Ltd, 2008.

[2] 高闯. 心理实验系统与原理 [M].武汉：华中师范大学出版社 .2013，64.

[3] http：//baike.baidu.com/subview/54657/5039880.htm http：//www.baike.com/wiki/%E5%8F%8C%E7%9C%BC%E7%AB%9E%E4%BA%89.

[4] Edwards, A.L. Experimental design in psychological research [J]. Rhinehart, New York, NY, 1950:50.

[5] Crutchfield, R.S. and Tolman, E.C. Multiple-variable design for experiments involving interaction of behavior [J]. Psychological review, 1940, 47（1）：38.

[6] Yaroslavsky, L. Digital holography and digital image processing: Principles, Methods, Algorithms [M]. 1st ed. New York：Springer, 2003.

［7］Kuhn，T.S. The structure of science revolutions［M］. Chicago and London：The University of Chicago Press，1996.

［8］Danziger，S.，Kingstone，A. and Snyder，J.J. Inhibition of return to successively stimulated locations in a sequential visual search paradigm［J］. Journal of experimental psychology：human perception and performance，1998，24（5）：1467.

［9］Kramer，A.F.，Hahn，S. and Gopher，D. Task coordination and aging：Explorations of executive control processes in the task switching paradigm［J］. Acta psychologica，1999，101（2）：339-378.

［10］高闯. 心理实验系统与原理［M］. 武汉：华中师范大学出版社，2013：86.

［11］高闯. 心理实验系统与原理［M］. 武汉：华中师范大学出版社，2013，9:93.

第7章 脑电记录原理

脑电记录技术是脑电信号获取的核心，其目的是获取皮层诱发的电位信号。在长期发展过程中，脑电形成了相对完善的记录标准和技术，避免测量过程中产生的系统误差（抽样误差）。而依赖脑电技术进行研究的从业人员，必须熟悉脑电的基本记录原理。这个原理涉及神经科学、电磁学、电路原理和实验测量理论。

本章，将从这些最基本的原理出发，讨论脑电记录的技术和标准。为理解这些技术，提供最基本的理论支撑。显然，这些原理将为后续脑电信号的提取、去噪和处理奠定基础。

7.1　脑电记录电极标准

脑电记录，是脑电信号获取的关键部分，在脑电科学中，围绕脑电的记录，建立了一套国际通行标准，并为世界范围内所采用。本节从最基本的脑电信号记录开始，来逐步阐述这个标准。

7.1.1　脑电记录

（1）脑电记录原理

脑电记录，并不是一个复杂过程，它是利用简单电学知识，实现对电信号的记录。首先用最简单的方式来考虑脑电的电极记录。在头皮上放置两个电极，并串联一个电阻构成回路，如图7.1（a）所示。当皮层产生电偶极辐射时，两个电极之间存在着电动势差，使闭合电路中形成电流，那么在电阻两端就能检测到电压，这个电压信号被取出并经过放大，就是脑电。

在实际情况中，电极存在电阻，称为电极电阻，大脑皮层产生的偶极子如同一个小的电源，那么，头皮记录电路的等效电路如图 7.1（b）所示。

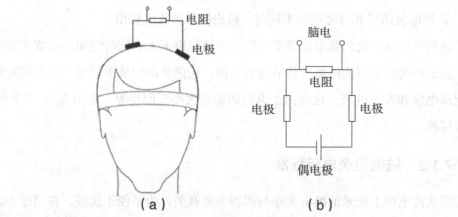

图 7.1 头皮记录电路

①在头皮上放置两个电极，并和一个电阻构成闭合回路，电阻上记录的电压经放大就是脑电信号。②每个电极都存在着电极电阻，偶极子等同一个电源，则（a）图的记录电路可以等效为（b）图。

其中，任意电极，都可以作为参考电极。脑电的大小，就是记录的电压相对参考电极电压的大小。

在现代脑电技术中，这个电路都采用数字化电路，并被集成在一起，如图 7.2 所示。这个集成电路包括：参考电极、记录电极、接地线。电路的输出就是脑电。

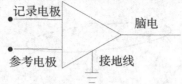

图 7.2 脑电记录的集成电路

集成电路包括参考电极、记录电极和接地线。集成电路的输出就是脑电。

（2）空间噪声排除

脑电记录中，源于物理空间的电噪声会对脑电记录产生很大的影响。在这种情况下，采用差动式放大电路。差动式放大电路比上述记录的电路相对复杂。但是，就记录脑电的基本功能而言，仍然与图 7.2 方式相同。可以记录电极、参考电极，并给出输出。它的基本功能可以概括为以下两点：

① 当电极信号和参考电极相同时，输出端为；

② 当电极信号和参考电极不同时，输出信号被放大输出。

这两点保证了我们脑电记录信号被完整地保留下来，同时空间的电磁波被屏蔽。这是因为，空间的电磁波传播接近光速，任何空间的波源信号，几乎同时到达记录电极和参考电极，这时两个电极的信号大小近似相等，输出为 0，空间噪声被屏蔽。

7.1.2　脑电记录电极标准

在头皮电极上记录的脑电大小与多种因素有关，为了便于比较，在国际上，制定了统一的电极记录标准，这个标准包括 10–20 系统和 10–10 系统[1]。

20 世纪 50 年代末期，临床神经生理学国际联合会（International Federation of Clinical Neurophysiology）发展完善了 10–20 系统方法，作为统一的脑电极记录标准，并沿用至今[2]。

首先，把通过鼻根（nasion）、枕骨隆突（inion）和左、右耳前点（pre-auricular points）的圆环定义为赤道。通常，我们用 A_1 和 A_2 表示左右耳前点，如图 7.3 所示。

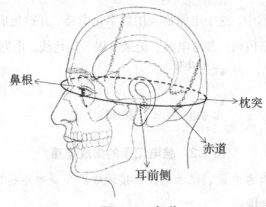

鼻根
枕突
赤道
耳前侧

图 7.3　赤道

通过鼻根、枕骨隆突和左、右耳前点的圆环定义为赤道。

以鼻根为起点，以枕骨隆突为终点，将半个赤道长度记为1。每半个赤道环按长度进行比例划分，首先在鼻根和枕骨隆突取10%长度（两者共占用20%），剩下按20%比例划分。如图7.4（a）所示。

把鼻根记为Nz，枕骨隆突记为lz，经过头顶中央，把这两个点连接起来形成的线，称为经线（longitude line），经线将赤道两等分。这条线，又称为中线或者矢状线。按照同样的方式，把经线按长度比例划分，首先在鼻根和枕骨隆突取10%长度（两者共占用20%），剩下按20%比例划分。在每个分界点，放置一个记录电极，如图7.4（b）所示。另外，经两外耳道，并经过头顶中央之间的连线，称为冠状线。冠状线和矢状线之间的交点处，放置一个电极，称为Cz。

然后设置纬线（latitude line），纬线穿过经线的10%和20%的分界点，纬线所在的面与赤道面平行，且纬线对称轴与赤道的对称轴同轴。并把每个纬线，依照赤道等分的方法，按10%和20%比例划分，形成很多分界点。通常，我们把电极放置在这些分界点上，这种方法就称为10-20系统方法[3-5]。

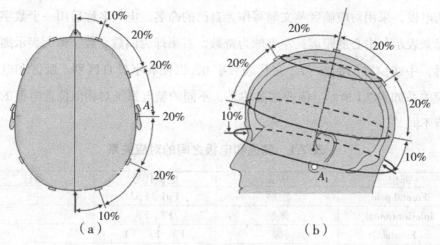

图7.4　经线和纬线划分

①把鼻根和枕骨隆突并经头顶中央的连线称为经线。赤道的一半按10%和20%的比例划分。每个分界点就是一个电极记录点。②把经线按同样标准划分，也形成了10%和20%的分界点。把经过经线分界点，并和赤道同轴平行的圆环定义为纬线[6-8]。

①根据 10-20 标准设置的电极。②电极命名，根据电极所在的脑区来命名，一般情况下，电极的第一个字母是对应脑区的英文的第一个字母的缩写，如图 7.5 所示。

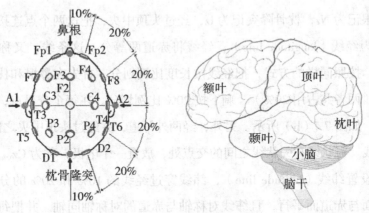

图 7.5　电极排布和命名

通常情况下，记录电极的命名，都和对应的脑区相对应，以便于识别。大多数的电极，采用对应脑区英文缩写作为自己的命名。电极名称后用一个数字或者字母来表示与中心的距离，左半球为奇数，右半球为偶数。数字越大表示离中线越远，中线位置用标志"z"来代表数字 0，以便和字母 O 区别。脑区和电极的对应关系如表 7.1 所示。需要注意的是，不同的脑电系统对相似位置电极的命名常有不同[9]。

表 7.1　脑区和电极之间的对应关系

部位	中文	电极代号	备注
Frontal pole	前额	Fp1、Fp2	
Inferior frontal	侧额	F7、F8	
Frontal	额	F3、Fz、F4	
Temporal	颞	T3、T4	
Central	中央	C3、Cz、C4	
Posterior temporal	后颞	T5、T6	
Parietal	顶	P3、Pz、P4	
Occipital	枕	O1、O2	
Auricular	耳	A1、A2	参考电极
21 个电极。成人记录可以增加，儿童可以减少			

如果我们把上述的所有比例均设置为 10%，这时的电极排放标准就是 10-10 系统，电极设置如图 7.6 所示。

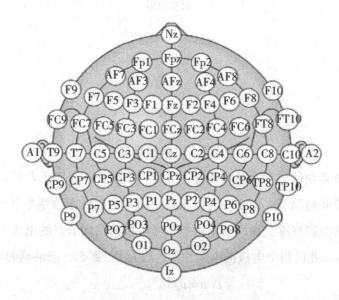

图 7.6 10-10 电极设置标准

所有设置比例为 10% 的情况下，电极排放，标准是 10-10 系统。

7.2 脑电电位参考设置标准

脑电记 录中，我们使用的电极不仅一个，而且在特殊情况下，电极数量使用巨大。根据上节的记录电极的基本电路，每个电极都需要一个参考电极，才能达到记录脑电的目的。在脑电技术中，对参考电极做了一些特殊规定，这些规定，既有记录技术的要求，也有生理方面的要求。本节，将从基本的原理出发，来讨论参考电极标准以及使用时的规则。

7.2.1 电极连接方式

根据记录时电极的连接方式不同，可以分为两种：单极导联和双级导联。

（1）单极导联

在有多个电极时，将所有电极与一个共同电极相连接，并把这个共同的电极设置为参考电极。这种参考电极的设置方法，称为单极导联，如图 7.7 所示。

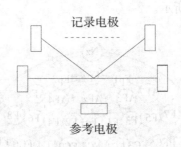

记录电极

参考电极

图 7.7　单极导联

所有电极都和同一个电极相连接，共用一个电极作为记录电极。

在单极导联情况下，由于所有电极共用同一个电极作为参考电极，也就具有了一个共同的参照标准。设所有电极与参考电极的共同节点的电压为 u_0，每个电极的电压为 u_i，并设每个电极的电阻相同，均为 R。那么，记录到的电压大小为：

$$\triangle u = u_i - u_0 \tag{7-1}$$

即：记录到的电压由记录电极 u_i 和 u_0 的差来决定。单极导联，给我们带来最大的便利是，所有电极具有了统一性的参照标准，为电极间电压差异比较带来了方便。在单极导联情况下，只需把放大器的一边和参考电极相连接，另一边和等效电路的另外一边相连即可，如图 7.8 所示。

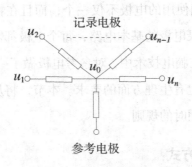

记录电极

参考电极

图 7.8　单极导联等效电路

在单极导联情况下，共用同一个电极，所有电极与参考电极的共同节点的电压为 u_0，每个电极的电压为 u_1。记录到的电压由记录电极 u_i 和 u_0 的差来决定。

（2）双极导联

根据研究的目的不同和需要不同，有些电极不需要具有共同的参考电极。在脑电研究中，也存在另外一种电极导联方法：双极导联。例如，垂直眼电和水平眼电。双极导联时，没有共同的参考电极，每一对电极连接在一起，使用一个放大器进行信号放大。这种方法，可以获取两个记录点之间的相对电位差异，并带来很多优良特性。它为脑电－眼动联合技术提供了另外一种可能性。我们将在眼动信号中来讨论这一类信号的关键作用。

7.2.2 电位参考问题

脑电是一种波动电信号。这种信号，可以采用波形的参量来描述：振幅、波长和频率等。这些变量，对理解脑电波的本质至关重要。因此，在记录时，我们期望得到保留这些特征的波动信号，并且不失真。

记录头皮脑电电压信号的记录电极，大都采用单极导联，即具有共同的参考电极。这种情况下，记录电极测量的电压波动信号依赖于两个因素：记录电极的电压和参考电极电压。一般情况下，这两个电极的电压都是随时间变化的变量，因此，第 i 个电极记录到的电压写为：

$$\triangle u(t)_i = u(t)_i - u(t)_0 \tag{7-2}$$

下面分两种特殊情况来讨论参考电极电压问题：

① 电压为 $u(t)_0$ 常量，即参考电极电压是一个不随时间变化的量；

② 电压 $u(t)_0$ 与 $u(t)_i$ 为时间同步变量。也就是说，变化周期和初始相位相同。

（1）恒定参考电位

如图 7.9 所示，上图是记录电极电压，中图是参考电极电压。当参考电极电压为常量时，在记录电极上记录的电压的波形参数如下图所示。相当于做上下移动。在这种情况下，所有波动特征都被完整地保留下来。振幅、相位和频率都不会发生变化。

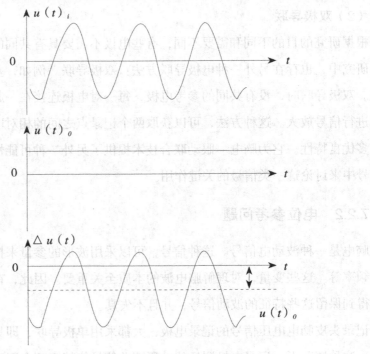

图 7.9　参考电位电压为常量

图 7.9 是记录电极的头皮电压变化，中图是参考电极的电压变化，下图是获取的脑电电压变化。由于参考电极是常数，因此记录的脑电信号相当于把头皮信号整体上下平移，并不改变原始信号的波形特征。

（2）同步参考电位

在实际情况中，很多参考电极电位并不是常数，而是和记录电极的电压同步变化。即参考电极电压只和记录电极的电压存在着振幅上的差异。在这种情况下，我们记录到的电极的电压参数会发生部分变化，如图 7.10 所示。

我们把图 7.10 上下依次编号为 1、2、3、4。1 号图表示的记录电极对应的头皮电压变化；2 号图是参考电极对应的电压变化；3 号图是两个电压相减的结果，阴影部分是相减后的剩余部分；4 号图是相减之后，经过放大器记录到的电压。在同步情况下，两个电极电压相减之后，波幅会发生变化。1 号图的原始波形和 4 号图相减之后的波形，可以清晰地显示这个特征。尽管如此，记录的电压波形的其他参数，却不会发生变化，而是被完整地保留下来。例如，波动周期、波动频率和波动相位。

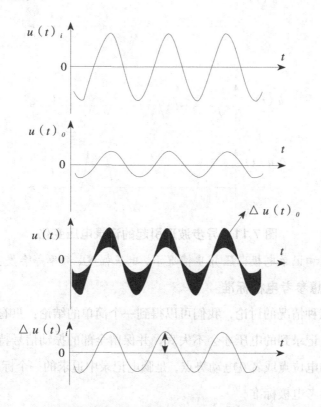

图 7.10　同步波形引起的记录电压变化

　　参考电极和记录电极电压同步的情况下,除了电压幅度会发生根本性变化外,其他振动参数不会发生根本性变化。

　　(3)异步参考电位

　　如果参考电位发生了异步变化,即周期或者振幅不与皮层记录电极电位相匹配,如图 7.11 所示。我们把该图上下依次编号为 1、2、3。1 号图表示的记录电极对应的头皮电压变化;2 号图是参考电极对应的电压变化;3 号图是两个电压相减的结果。在异步情况下,两个电极电压相减之后,波的振幅会发生变化。同时,相减之后的波形也引入新的频率成分。也就是说在异步情况下,脑电采集到的信号中引入了噪声。

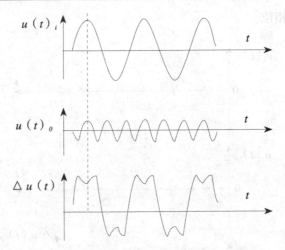

图 7.11　异步波形引起的记录电压变化

参考电极和记录电极电压异步情况下，电压幅度、频率等会发生根本性变化。

（4）理想参考电极标准

由上述三种情况的讨论，我们可以得到一个简单的结论：只有参考点的电位是恒定值时，记录到的电压才会不失真，并保留全部的振动信号特征。因此，寻找一个不变的电位点或者 0 电动势点，是脑电记录中追求的一个标准。这个标准，也称为理想参考电极标准[10]。

但是，人体是一个导体，并且具有随时间实时发生变化的生物电。因此，绝对的、完全理想的参考电动势点是不存在的。

7.2.3　参考电极选择

（1）参考电极分类

在脑电研究中，依据不同研究需要和不同实验条件，设置参考电极。主要分为两类，一类是把身体生理部位作为参考点，称为生理参考点；另一类，利用特殊的理论算法计算出来的参考点，称为理论参考点。

生理参考电极包括：鼻尖（tip of nose）、耳垂（earlobes）、乳突（mastoids）、头顶中央（Cz）。理论参考电极点包括：平均电极参考点、局部电极参考点。无论哪种方法，都不是绝对的、最优的电极参考点，各种参考点都有自己的优点和缺陷，如图 7.12 所示。

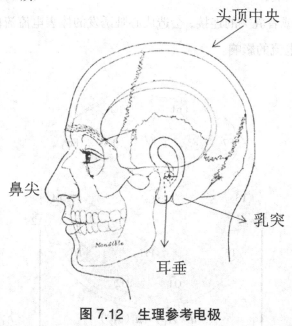

头顶中央

鼻尖

乳突

耳垂

图 7.12 生理参考电极

采用特殊的生理部位作为参考电极位置，这些点称为生理参考点。主要包括：鼻尖、耳垂、乳突、头顶中央。

在实际操作中，我们往往不是依赖于单一的生理点来作为参考电位点，而是把很多生理点的信号叠加在一起后，进行某种数学处理，作为参考电位，因此这种技术也被称为混合技术，或者电极（montage）。

（2）双耳电极参考

两侧耳垂或者乳突的脑电，分别记为 $u(A_1)$ 和 $u(A_2)$。取两个电压的平均值作为参考电位，记为 $u(R)$。则满足以下关系：

$$u(R) = \frac{u(A_1) + u(A_2)}{2} \tag{7-3}$$

利用双耳或者乳突的电位的平均值作为参考电位的方法，也称为双耳电极参考（Linked Ears Reference），如图 7.13 所示。采用这种方法，作为参考电极，主要包括以下两点原因：

① 一般情况下，耳垂或者乳突的脑电，由于距离大脑皮层偶极子发生源较远，脑电电压比较小。因此，电压波动对记录脑电的影响也就比较小，不会造成大脑

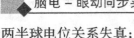

两半球电位关系失真；

② 两侧耳垂或者乳突的连接，会造成心脏诱发的体表电流流向大脑时短路，削弱心电对头皮电流的影响。

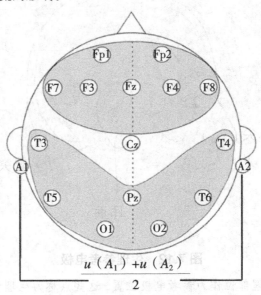

$$\frac{u(A_1)+u(A_2)}{2}$$

图 7.13　双耳电极参考

取两个耳垂或乳突电极的电压的平均值，作为参照电压，称为双耳电极参考。

但是，这种方法也存在着缺陷：如果研究的脑电成分，靠近脑的双侧，双耳电位变化将会明显，而且双耳电位差别也就比较大。这种情况下，就不适合采用这种方法。

（3）鼻尖电极参考

双耳参考方法观察乳突附近的脑源活动时，造成双耳电极记录电压发生很大波动，不符合参考电极选择的要求。因此，在这种情况下，把远离乳突的点作为参考点，就成为一种选择。通常当研究乳突附近的脑源活动时（MMN），选择鼻尖作为电极参考点，即鼻尖电极参考。这类研究，仅在 MMN 的研究中。

（4）总平均电极参考

总平均参考是 20 世纪 50 年代发展起来的一种方法。把所有电极记录的电压加起来求平均值。

其基本思想是：把人脑通过脖子向身体传播的电流忽略不计，人的脑袋就可以看成一个和外界电绝缘的孤立球体。

设想存在一个共同的参考电极，记为 R，参考电极头皮对应的电压为 u_r。第 i 个记录电极的头皮电压统一记为 u_i。记录到的脑电记为 $\triangle u_i = u_i - u_r$，如图 7.14 所示。显然，对于所有电压，都是随时间变化的量，所以记录的脑电统一表示为时间 t 的函数：

$$\triangle u(t)_i = u(t)_i - u(t)_r \qquad (7-4)$$

设第 i 个记录的电极回路中，记录电阻为 r，则电路的电流为：

$$I_i = \frac{\triangle u(t)_i}{r} = \frac{u(t)_i - u(t)_r}{r} \qquad (7-5)$$

由于它们共用同一个参考电极，则根据物理学的基尔霍夫节点电流定律（基尔霍夫第一定律（KCL）），通过参考电极的电流可以表示为：

$$\sum_{i=1}^{n} I_i = \sum_{i=1}^{n} \frac{u(t)_i - u(t)_r}{r} \qquad (7-6)$$

其中，n 表示记录电极的数量。由于所有电阻大小相同，因此上式的分母可以简化为：

$$\frac{1}{r} \left[\sum_{i=1}^{n} u(t)_i - nu(t)_r \right] \qquad (7-7)$$

现在假设我们采用的参考电极的电位为：$u(t)_r = \dfrac{\sum\limits_{i=1}^{n} u(t)_i}{n}$。即把所有电极电压求和的平均值作为参考点，或者说是总平均电极记录电极。把该式带入式（7-6），可以得到以下结论：

$$\sum_{i=1}^{n} I_i = 0 \qquad (7-8)$$

也就是说，在这种条件下，通过参考电极的电流为 0，由此，参考电极的电压也为 0。而且这是一个和时间没有任何关系的恒定量。这个关系表明，如果把这个电压作为 0 势能点，我们就找到了一个不随时间变化的 0 电动势点。所以，这种方法，也称为总体平均电极参考。

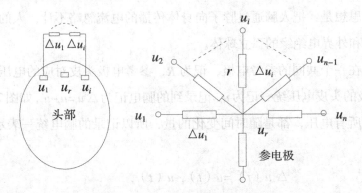

图7.14 总平均头部记录电路

所有电极都共用一个参考电极，所有电极和参考电极的连接点称为节点。所有记录电极的电流和等于参考电极的电流。

知识链接

基尔霍夫节点电流定律

以电路节点为对象，根据电荷守恒，德国物理学家基尔霍夫发现了基尔霍夫第一定律。

在一个电路中，以 A 点为研究对象，与该节点相连的支路电流分别为 I_1，I_2，I_3，I_4，I_5，参考方向如图 7.15 所示。基尔霍夫认为：流出去电流和流进去电流相等。即：

$$I_1+I_2+I_3=I_4+I_5 \qquad (7-9)$$

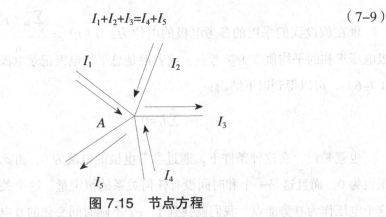

图 7.15 节点方程

以节点 A 为节点，流进去的电流等于流出去的电流，也就是节点方程。

由上述推论过程可以知道，每个电极记录到的电压大小可以表示为：

$$\triangle u(t)_i = u(t)_i - \frac{\sum_{i=1}^{n} u(t)_i}{n} \qquad (7\text{-}10)$$

上式中，$\dfrac{\sum_{i=1}^{n} u(t)_i}{n}$ 是所有电极的平均值。

从本质上来讲，这种方法，具有以下几个特点：

① 利用这种方法得到的参考点，并不是实际的物理参考点，而是物理假设的参考点；

② 它不是简单意义的统计平均结果。从统计学而言，平均值是随机变量的中心。但是，由于受到物理学的电路理论的约束（节点定律），使得所有电压的总平均值为 0。因此，这个特性是统计本质和物理约束条件共同的特性决定的结果。

总平均电极参考，在理论上提出了一个事实上存在的绝对参考零点，这个电极不随时间而发生变化。

人的头部不是一个孤立导体（脖子与身体相连接）。人体其他部位的电信号到达头部时，会和脑电信号混合，这样的信号同样会被记录到。这需要其他技术的补充，才能有效利用这种方法。

（5）局部平均电极参考

与总体平均参考电极不同，局部电极参考则采取部分电极平均作为参考电极。一般情况下，局部电极参考往往以 C_z 为中心，取与 C_z 相连的几个电极，求和并进行计算平均电位，如图 7.16 所示。

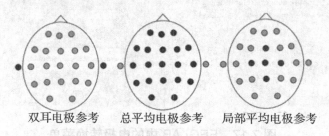

双耳电极参考　　总平均电极参考　　局部平均电极参考

图 7.16 三类电极参考

①在双耳参考中，电极电位是以两个耳垂电极的电位为参考电极。②在总平均电极参考中，电极电位是以所有电极的平均电位作为参考电极。③在局部平均

电极参考中，一个电极电位（如 C_z）是以邻近的（局部）的电极的平均电位为参考测量的。

在前面的公式里面提出的 Σ 现在是第 i 个电极周围的求和电极。概括地说，任何电极都可以定义为下面的公式：

$$V_i = V_i - \Sigma\, W_{ij} \times V_j \qquad (7\text{--}11)$$

其中 W_{ij} 是权重。因此，任何电极的特征就是它的权重。权重的值可以在任何现代软件里设置。例如，如果我们想决定 Cz 的局部参考电位，必须计算 Cz 周围电极的平均值，即：Fz、C3、C4、Pz。对于 Cz 电极，局部平均值就有如下表达式：

$$V'_{cz} = V_{cz} 2\, (V_{FZ} + V_{C3} + V_{C4} + V_{PZ})\, /4 \qquad (7\text{--}12)$$

7.2.4　参考电极转换

由于不同脑电系统，参考电极并不相同，并且不同的文章之间，在公布实验数据时，采取的参考电极也往往不同，这给人们用统一的标准来研读实验数据、比较结果的一致性或者差异带来极大的困难。这也提出了一个技术问题，可以通过数学计算，实现不同参考电极之间的电压转换，这样即可解决这个问题。在一般的脑电软件中（如 EEGLAB），均设置了这一转换功能，具体的计算方式在此不再赘述。EEGLAB 中设置了向平均电极参考转换菜单，如图 7.17 所示。

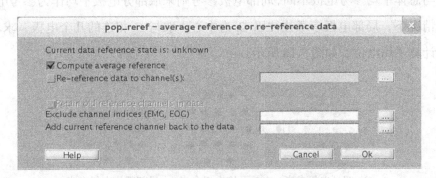

图 7.17　EEGLAB 中的电极转换菜单

EEGLAB 中，内置了电极转换运算功能，在脑电实验系统中，我们采用了某种参考电极记录方法，或者内置了某种记录方法。EEGLAB 中的电极转换菜单，可以根据记录的电极，转换为平均电极参考。

参考文献

[1] Nuwer, M.R. Comi, G., Emerson, R., et al. IFCN standards for digital recording of clinical EEG. The International Federation of Clinical Neurophysiology [J] . Electroencephalography and clinical neurophysiology. Supplement, 1999, 52: 11.

[2] Luck, S.J. An introduction to the event–related potential technique [M] . MIT press, 2014.

[3] Jasper, H.H. The ten twenty electrode system of the international federation [J] . Electroencephalography and clinical neurophysiology, 1958, 10: 371–375.

[4] Electrode Position Nomenclature Committee. Guideline thirteen: guidelines for standard electrode position nomenclature [J] . J Clin Neurophysiol, 1994, 11: 111–3.

[5] Oostenveld, R., Praamstra, P. The five percent electrode system for high– resolution EEG and ERP measurements [J] . Clinical neurophysiology, 2001, 112 (4): 713–719.

[6] Pivik, R.T., Broughton, R.J., Coppola, R., et al. Guidelines for the recording and quantitative analysis of electroencephalographic activity in research contexts [J] . Psychophysiology, 1993, 30 (6): 547–558.

[7] Fw sharbrough, GE chatrian, RP Lesser, H Luders, M Nuwer. Guideline thirteen: guidelines for standard electrode position nomenclature [J] . Electroencephalographic society J Clin Neurophysiol, 1994, 11: 111–3.

[8] Chatrian, G.E., Lettich, E., Nelson, P.L. Ten percent electrode system for topographic studies of spontaneous and evoked EEG activities [J] . American Journal of EEG Technology, 1985, 25 (2): 83–92.

[9] Electroencephalography: basic principles, clinical applications, and related fields [M] . Lippincott Williams & Wilkins, 2005.

[10]Kropotov, J.D. Quantitative EEG, event–related potentials and neurotherapy[M]. Academic Press, 2010.

第8章 眼动记录原理

用于同步脑电的眼动信号，包含两种：眼电信号（electro-oculogram）和图像学眼动信号。在同步技术中，这两种方法既具有功能意义的重复，也具有功能上的互补。前者是脑电系统自带的记录方法，后者则是独立的方法。把眼电独立于脑电单独讨论，是因为眼电本身功能意义上的独立，并不是仅仅作为脑电的去噪方法来使用。而图像学眼动方法具有眼电不具有的一些功能，在意义上可以与之形成互补。为后续讨论它们在实验意义上的结合，在此把这种方法关联在一起进行讨论。

8.1 眼电产生机制

眼电信号是利用眼球移动时产生的电效应，来记录眼动的信号，在眼动研究中，是一类特殊的方法学，具有重要的地位。不仅如此，这种记录方法，也被嵌入脑电系统中，这也为脑电 – 眼动联合研究提供了最基本的可能性。所以，我们在眼动记录中，也必须讨论这种方法，为眼动 – 脑电同步技术打下理论基础。

8.1.1 眼球偶极子模型

眼球前后两端具有两个特殊组织：角膜和视网膜，前端角膜新陈代谢的速率与后端视网膜代谢的速率并不相同，角膜代谢率较小，视网膜代谢率较大。因此，导致带电粒子出现电荷差异，角膜与视网膜之间存在电位差，角膜为正极，视网膜为负极[1-2]，形成物理的电偶极子，如图 8.1 所示。

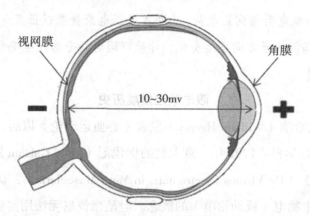

图 8.1 眼球电位差

眼球前端的角膜代谢速度和眼球后端的视网膜代谢速度不同，导致眼球前端带正电，眼球后端带负电，形成 10~30mv。

物理学中规定：两个带电量相同、电荷相反且相距比较近的电荷中心，称为偶极子。偶极子用偶极子矢量来描述：由负电荷指向正电荷，大小等于正电荷量乘以正负电荷之间的距离。设偶极子带的正电荷量为 q，正负电荷之间的距离矢量为 $\vec{l}$，方向由负电指向正电，则偶极子矢量可以表示为 $\vec{p}$：

$$\vec{p} = q\vec{l} \tag{8-1}$$

眼球上分布的电荷，可以简化为偶极子模型。则眼球对应的偶极子矢量由眼球底端指向眼球前端。当眼球旋转时，眼球偶极子矢量的指向发生变化，引起眼睛周边皮肤电位变化。眼球偶极子是引起眼球电位变化的主要原因[3]。

当眼球旋转时，所对应的偶极子矢量 p 的方向发生变化，导致空间的电位分布发生变化。也就是说，眼睛的空间位置变化，诱发了一种电效应，这种电效应和眼动直接关联。这种电效应是我们记录眼动的基础，如图 8.2 所示。

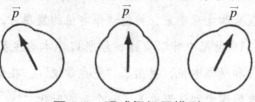

图 8.2 眼球偶极子模型

两个电量相等、正负相反且相距很近的电荷组成的系统，用物理学的偶极子来描述。方向由负电荷指向正电荷，大小等于正电荷量乘以正负电荷之间的距离。眼球旋转，引起偶极子方向发生变化，导致空间电场分布发生变化。

知识链接

眼电效应发展历史

自 17 世纪哈维（William Harvey）发表《心血运动论》以后，生理学一直是科学研究的核心学科。1791 年，意大利的伽伐尼（Luigi Galvani）发表了《肌肉运动的电效应》（De Viribus Electricitatis in Motu Muscularis），认为肌肉组织是带电体，提出生物电（或动物电）的概念。但是伽伐尼无法用实验证明生物电的存在。18 世纪 30~40 年代，马特希应用发明不久的电流计开展生物电实验，观察到三个重要的实验现象：一是在肌肉的损伤面和正常表面之间有电流，而且损伤面呈负电；二是将多块一面横断的肌肉相互间以横断面与完好面相互排列，可测得较大的电流；三是将一个神经肌肉标本的神经搭靠在另一个神经肌肉标本的肌肉处，刺激前一个标本的神经可使得后一个标本的肌肉收缩，即无金属收缩。这些实验证实了生物电的存在。

图 8.3　Emil du Bois–Reymond

雷蒙德，德国医生和生理学家，神经动作电位的发现者，实验电生理学之父（见图 8.3）。他在 19 世纪中叶以青蛙神经肌肉标本为主要研究对象，首先发现和描述了静息电位和动作电位，提出了"先存学说"。在他和学生数十年的努力下，人类对生物电的探索和认识进入了一个新的时代[4]。

雷蒙德进一步改进了电流计，并根据 1831 年英国物理学家法拉第（Michael Faraday）发现的电磁感应可产生感应电流的原理设计了感应电流刺激器，以及乏极化电极、补偿器等多种仪器。雷蒙德为了提高电流计的灵敏度，曾花几个月的时间将 1 000 多米长的细铜丝小心翼翼地一圈一圈地缠好。可见电生理学家不仅需要广博的知识、聪慧的大脑、娴熟的技术，而且还需要细致与耐心。通过大量探索，雷蒙德建立了以青蛙的神经肌肉标本为主，刺激神经肌肉标本记录肌肉收缩的实验方法。这一方法沿用至今，成为生理学研究与教学的一个最基本的方法。这些技术和方法的应用，不仅验证了马特希的结论，而且逐渐形成了实验电生理学较为系统的研究。雷蒙德将肌肉收缩时（兴奋状态下），肌肉的损伤面和正常表面之间的负电明显减小或消失的现象称为负波动（negative variation），这实际上是第一次报道了动作电位。1843 年，雷蒙德又描述了静息电位。1848 年和 1849 年，雷蒙德先后出版了 1 400 余页的两卷《动物电的研究》（Investigations in Animal Electricity），1884 年出版了第三卷。这部著作奠定了雷蒙德实验电生理学之父的地位。

8.1.2　眼电效应

眼球偶极子电位存在，将导致研究的旋转过程中，偶极子方向发生变化，进而引起眼球周边空间电场发生变化，这种效应是眼动诱发的。如果我们在眼睛的两侧：鼻侧和颞侧放置两个电极，并记录两个电极之间的电压差异，作为眼电，这种方法就是双极导联方法。双极导联方法是眼电记录中的常用方法，如图 8.4 所示。

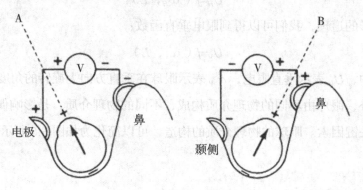

图 8.4　眼电记录

在眼睛鼻侧和颞侧放置两个电极，通过这两个电极之间的电压差异，来获取眼动信息，这种方法称为双极导联方法，是眼电记录中的常用方法。

8.2　眼电与眼动关联

眼电效应是眼动诱发的空间电场改变。通过空间电场改变研究眼动，是眼电方法的基本出发点。即通过空间电位改变与眼球移动的位置关系，记录眼动信息。因此，眼电和眼动关系问题是本节关注的首要问题，也是后续脑电－眼动联合实验的基础。

8.2.1　眼动函数

以水平方向眼电为例，讨论眼电和眼动之间的关系。水平眼电记为 U_H，设眼球在水平方向上旋转角度记为 α_H，眼球旋转的过程中，眼球旋转会引起偶极子角度改变，也就是说 α_H 是影响眼电的一个关键因素，如图 8.5 所示。输入视觉系统的刺激的物理参量统一记为 L，视觉的刺激，包含物理的能量，不同的光能大小，会引起视网膜代谢速度不同，眼球前后电位会发生改变，因此，刺激的物理参数，是影响眼电改变的另外一个关键因素。因此，考虑到这两个关键因素，水平眼电是这两个因素的函数，记为 f，则该函数用式来表示[5~9]为：

$$U_H=f(\alpha_H, L) \tag{8-2}$$

同样的道理，我们可以得到眼电垂直函数：

$$U_V=f(\alpha_V, L) \tag{8-3}$$

式中，U_V 表示垂直眼电，α_V 表示眼球在垂直方向上旋转的角度。

此外，眼球由不同的物理介质构成，不同的物理介质，是影响偶极子大小的另一个关键因素。眼球的物理介质的构造，可以简化为如图 8.6 所示的形式。

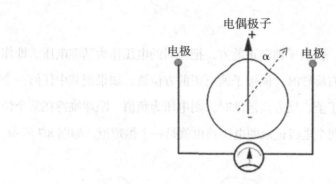

图 8.5　水平眼电函数

当眼球旋转时，旋转的角度为 α，不同的角度引起的眼电变化不同，旋转的角度是眼电的影响因素之一。

把研究视为一个球体，把不同的组成部分看成不同的介质，每个部分介质的电导率记为 σ[10]。

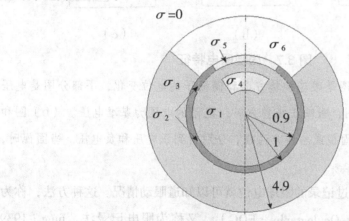

图 8.6　眼球介质层

把眼球看成对称球体，并把眼球的不同部分看成具有不同导电特性的电介质，研究就可以简化为不同的电介质层。眼球介质层参数如表 8.1 所示。

表 8.1　眼球介质层参数

参数	介质层	电导率
σ_1	玻璃体	1.0
σ_2	巩膜	0.01~0.15
σ_3	眼球外面	0.0005~0.06
σ_4	晶体	0.08~0.3
σ_5	角膜	0.03~0.86
σ_6	空气	0.0

8.2.2　固视眼电

当眼球注视正前方时，偶极子朝向正前方，把这时的电压作为基准电压，即作为零电压。当眼球向左或右旋转时，偶极子偏离正前方位置，如果把其中任何一个方向旋转时的电压定义为正值，反方向运动时，则电压为负值。眼球维持在某个位置时，偶极子方向恒定，两个电极记录的电压差也就是一个恒定值，如图 8.7 所示。

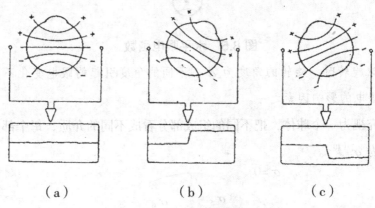

（a）　　　　　　　　（b）　　　　　　　　（c）

图 8.7　固视眼电特征

图 8.7 的上半部分图是眼球旋转方向和偶极子的电位变化，下部分图是电压随时间的变化。（a）图，眼睛正视前方时，记录的电压为基准电压。（b）图和（c）图，眼睛向左前方固视或右前方注视，分别得到正电压和负电压。当固视时，所有电压都随时间不变。

上述原理表明，通过记录的眼球电位就可以知道眼动情况。这种方法，称为电学记录方法（Electro-Oculography，EOG），又称为眼电记录法。Jung（1939 年）利用 EOG 方法，同时记录到眼睛运动的水平和垂直分量[11]。在此之前，没有一种方法能同时记录不在一个方向的眼动。这在眼动记录史上是一巨大进步。EOG 还具有另外一个特性，即个体在闭眼睛的情况下，仍能记录眼动信号。这是唯一一种在闭眼条件下记录眼动的方法。

8.2.3　跳视眼电

固视时，电位保持恒定，电压保持常量。因此，记录到的眼电信号随时间的变化近似为一条直线。那么，在两次固视点之间，是眼睛从一个固视点移动到另一个固视点的过程，这个过程称为跳视。跳视通常用跳视的幅度（Amplitude）、跳视的持续时间（Duration）、潜伏期（Latency）来表示。跳视的幅度表示眼球转过的角度，跳视过程花费的时间为跳视时间，从给定刺激到眼动发动的过程，称为潜伏期，如图 8.8 所示。

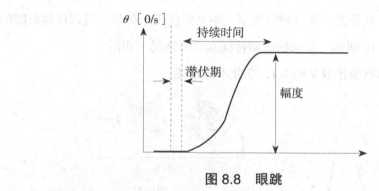

图 8.8　眼跳

在两次固视点之间，眼球从一个固视点移动到另一个固视点。

8.2.4　眨眼眼电

眨眼引起的眼电变化，是眼电记录中重要的特征之一。人在眨眼时，眼睑瞬间闭合，眼球偶极子前端的电位瞬间通过眼睑释放，并沿头皮进行传播。在眼电中，会记录到峰状脉冲，如图 8.9 所示。眨眼眼电是引起脑电变化的一类重要噪声。

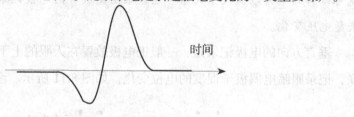

图 8.9　眨眼眼电

人眼在眨眼瞬间，眼睑闭合并打开，导致眼球前端电荷释放，引起头皮空间电位变化，在眼电中，会记录到一个峰状脉冲，即为眨眼眼电。

8.2.5　眼电电极安置

眼电分为垂直眼电和水平眼电。一般情况下，垂直眼电不涉及双眼同步问题，记录方式比较单一。而水平眼电，则根据实验研究目的的不同，记录眼电电极排放方式有多种。我们分为两种方式来讨论：水平眼电电极排放和垂直电极排放。

通常情况下，为了获取双眼稳定视觉，双眼一般做同步运动。在这种情况下，我们把双眼理解为一只眼，即中央眼视觉。在同步情况下，在人眼左右两侧分别放置一个电极。根据物理学叠加原理，两眼偶极子矢量通过叠加，可以得到中央眼偶极子矢量。也就是说，在这种情况下，中央眼偶极子矢量，可以反映双眼的同步变化，如图 8.10 所示。记录的眼动特征和单眼情况下相同。

单眼情况下的电极排放见图 8.4，在此不再赘述。

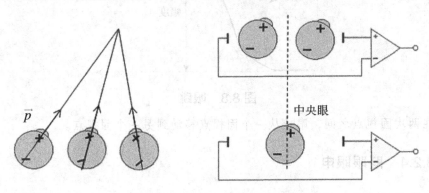

图 8.10　同步水平电极排放

双眼视觉可以等效为中央眼视觉。根据物理学的矢量叠加，偶极子矢量叠加就可以得到中央眼偶极子矢量。在人眼两侧放置的电极记录的是中央眼的偶极子矢量电压变化。

垂直方向的电极记录是：一般把电极放置在人眼的上下两侧，并采用双极导联，记录眼睛电偶极子促发的电位变化，如图 8.11 所示。

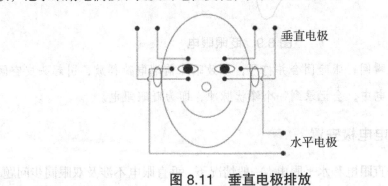

图 8.11　垂直电极排放

在人眼的上方和下方，分别放置两个电极，记录人眼的垂直眼电。

8.2.6 眼电缺陷

眼电记录方法记录眼动的基本假设是，眼睛周围的传导组织的电场运动和眼睛本身的运动以一种简单的方式相关（通常认为是线性相关）。由于这些组织的不均匀性和周围组织的形状，这只能是一个近似的生物现实。然而，对于眼球水平运动的 30° 范围内，实际测量的是基于在轨道中的眼睛的实际运动是线性的假设。眼电图的解释被认为大约是 1°。因为它是一个相对简单的技术，眼电图仍是常用患者的眼动的临床测试。

对于固定位置的眼睛，眼电图在大小上离常数太远，但可以受到很多外部因素的影响。这些因素包括如下几点：

① 电极和接触的皮肤之间的噪声；

② 组织代谢状态（氧分压、二氧化碳分压和温度）；

③ 视觉刺激；

④ 面部肌肉收缩。

此外，被记录的眼电，特别是垂直眼动，对眼睑的运动相当敏感。总之有很多外部因素可使眼电的解释复杂化，因此眼电被认为对人为因素的敏感度很高。这种不可忽视的人为因素是通过电极和皮肤的接触而引入的，它可以通过减小电极和皮肤之间的电阻达到最小化。

8.3 眼动图像学记录原理

利用计算机图形学原理，获取眼动数据是记录眼动数据的一类关键方法。这类方法，除了具有眼电记录的眼动数据外，还具有眼电方法不具有的一些特性。因此，要把眼动数据和脑电数据结合起来，图像学数据非常关键。本节，将重点讨论图像学方法，记录眼动数据的原理。

8.3.1 瞳孔角膜反射原理

眼球的角膜可以看成球冠，瞳孔看成圆孔。球冠所在的球心和瞳孔中心确定的轴是眼球透镜的对称轴,也就是光轴。对于同一个人而言,光轴和视轴之间的夹角是恒定值。只要测定了光轴,并测定光轴和视轴夹角,就可以确定视轴。由此,获取眼睛的注视点的方法称为 Ohno's 方法[12]。

假设角膜曲率中心对应的位置矢量为 $\vec{c}$,瞳孔中心对应的位置矢量记为 $\vec{s}$。把从曲率中心指向瞳孔中心的矢量定义为瞳孔角膜矢量 $\vec{v}$,则该矢量可以表示为:

$$\vec{v} = \vec{s} - \vec{c}$$

(8-4)

因此,只要确定了瞳孔中心位置和角膜曲率中心位置,也就确定了瞳孔 – 角膜矢量。这个矢量所在的轴,也就是光轴,如图 8.12 所示。

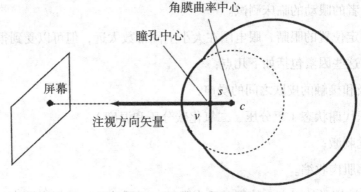

图 8.12 瞳孔 – 角膜矢量

角膜曲率中心 c 指向瞳孔中心 s 的方向矢量,即为瞳孔 – 角膜矢量。

8.3.2 瞳孔中心提取

图像学眼动仪本质是记录眼动的摄像机。通过这个摄像机,我们可以获取眼睛的照片。采用相机坐标系,横轴向右为 x 轴正方向,向下为 y 轴正方向,相片左边最上方为 0 点。数字化的图片,是由不同灰度值 L 和像素坐标的像素点组成的图片,如图 8.13 所示[13]。

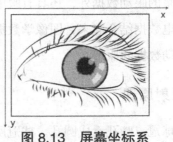

图 8.13 屏幕坐标系

以屏幕左上角为原点，相机屏幕向右为横轴正向，垂直向下为纵轴正向，称为屏幕坐标系。图片上的任意一点都可以用像素坐标来定标。

在瞳孔图像中，瞳孔区域是黑色，量度最低。瞳孔的边界是像素点灰度值变化最快的地方，即亮度梯度为最大值。沿瞳孔镜像方向画一条直线，在该直线上，像素点的灰度值变化如图 8.14 所示，在瞳孔边界，灰度值变化最大，即：

$$\frac{\mathrm{d}L}{\mathrm{d}x} \longrightarrow \infty \tag{8-5}$$

因此，可以设置一个 $\frac{\mathrm{d}L}{\mathrm{d}x}$ 的值，这个值称为阈值。当灰度梯度大于该值时，对应的位置就是瞳孔的边界位置。阈值越大，瞳孔边界越精确。通过这种方法，瞳孔边界的所有点就可以表示出来，记为 (x, y)。

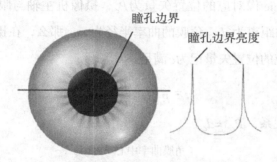

图 8.14　瞳孔探测原理

在瞳孔上画一条直线，在该直线上，靠近瞳孔边界的地方，像素点的灰度变化最快，是一个峰值。峰的中心就是瞳孔边界。

眼睛的瞳孔是一个标准的圆，该圆形在摄像机屏幕上投影是一个椭圆。因此，任意一个边界坐标，都满足椭圆方程，瞳孔椭圆方程可以写为：

$$\begin{pmatrix} x^2 & xy & y^2 & x & y & 1 \end{pmatrix} \begin{pmatrix} 1 \\ a_1 \\ a_2 \\ a_3 \\ a_4 \\ a_5 \end{pmatrix} = 0 \tag{8-6}$$

其中，a_1，a_2，a_3，a_4，a_5 是椭圆的待定系数。把所有探测到的瞳孔的点用椭圆方程做拟合，就可以得到 a_1，a_2，a_3，a_4，a_5 的值。根据椭圆方程，就可以得到瞳孔中心在相机上投影的位置为：

$$\left(\frac{2a_3a_4-a_2a_5}{a_3^2-4a_3}, \frac{2a_5-a_2a_4}{a_2^2-4a_3} \right) \tag{8-7}$$

8.3.3 角膜曲率中心提取

如图 8.15 所示，设眼动仪发出的光、摄像机、眼睛曲率中心共轴。在坐标系中，将空间中任意一点的位置坐标记为 (x, y, z)，从坐标原点指向该位置的位置矢量记为：

$$\vec{r} = \begin{pmatrix} x \\ y \\ z \end{pmatrix} \tag{8-8}$$

设光源 Purkinje 像对应的位置矢量为 $\vec{P_c}$，摄像机主轴与眼睛角膜交点记为 P_c，主轴到交点的距离为 d_c，角膜的曲率半径为 r_c。那么，在摄像机坐标系中，角膜曲率中心对应的位置矢量记为 $\vec{c}$ 满足：

$$\vec{c} = \vec{P_c} + r_c \frac{\vec{P_c}}{\|\vec{P_c}\|} \tag{8-9}$$

由图中几何关系，$|\vec{P_c}| = d_c$。

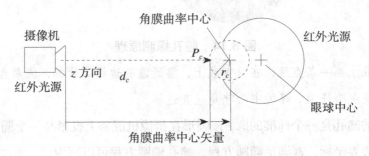

图 8.15　角膜曲率中心计算

眼睛光轴、红外光源和摄像机主轴在同一条直线上，P_c 表示浦肯野像点，r_c 表示角膜曲率中心，d_c 为摄像机到眼睛的距离。

8.3.4 注视点测量

眼动测量中，计算机显示器显示刺激，眼动摄像机记录眼睛的图片，并提取眼睛在相机上的位置信息，然后通过眼球和屏幕、眼动摄像机之间的空间几何关系，得到瞳孔角膜矢量及其在屏幕上的位置投射，以及注视点的位置坐标。这个过程的技术原理相对复杂，在此不展开论述。一般情况下，这些技术都包含在仪器的调试过程中，在此不展开论述[14]。总体而言，通过眼动仪的调试，我们获取了光轴和视轴之间的夹角，并可以计算出眼睛的注视点，如图 8.16 所示。

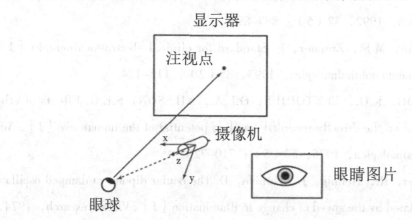

图 8.16　注视点获取

摄像机记录下各个时刻的眼动图片，由记录到的眼睛图片，提取眼球的位置信息，并利用眼球和摄像机、显示器之间的位置关系，最终计算出注视点的位置坐标。

参考文献

［1］Reymond，E.R.D.B. Untersuchungen über thierische Elektricität［J］. 1848.

［2］Mowrer，O.H.，Ruch，T.C.，Miller，N.E. The corneo–retinal potential difference as the basis of the galvanometric method of recording eye movements［J］. American Journal of Physiology——Legacy Content，1935，114（2）：423–428.

［3］Mowrer O H，Ruch T C，Miller N E. The corneo–retinal potential difference as the basis of the galvanometric method of recording eye movements［J］. American Journal of Physiology——Legacy Content，1935，114（2）：423–428.

［4］http：//en.wikipedia.org/wiki/Emil_du_Bois–Reymond.

［5］Arden G B，Barrada A，Kelsey J H. New clinical test of retinal function based upon the standing potential of the eye [J] . The British journal of ophthalmology, 1962, 46 (8) : 449.

[6] Behrens, F., Weiss, L.R. An algorithm separating saccadic from nonsaccadic eye movements automatically by use of the acceleration signal [J] . Vision research, 1992, 32 (5) : 889–893.

[7] Marmor, M.F., Zrenner, E. Standard for clinical electro-oculography [J] . Documenta ophthalmologica, 1993, 85 (2) : 115–124.

[8] SKOOG, K.O., TEXTORIUS, O.L.A., NILSSON, S.E.G. Effects of ethyl alcohol on the directly recorded standing potential of the human eye [J] . Acta ophthalmologica, 1975, 53 (5) : 710–720.

[9] Täumer, R., Hennig, J., Pernice, D. The ocular dipole—a damped oscillator stimulated by the speed of change in illumination [J] . Vision research, 1974, 14 (8) : 637–645.

[10] Doslak, M.J., Plonsey, R., Thomas, C.W. The effects of variations of the conducting media inhomogeneities on the electroretinogram [J] . Biomedical Engineering, IEEE Transactions on, 1980 (2) : 88–94.

[11] Jung, R. Eine elektrische Methode zur mehrfachen Registrierung von Augenbewegungen und Nystagmus[J]. Klinische Wochenschrift, 1939, 18(1): 21–24.

[12] Ohno, T., Mukawa, N., Yoshikawa, A. FreeGaze: A gaze tracking system for everyday gaze interaction [C] //Proceedings of the 2002 symposium on eye tracking research & applications. ACM, 2002: 125–132.

[13] Passive eye monitoring: Algorithms, applications and experiments [M] . Springer Science & Business Media, 2008.

[14] Moore, S.T., Haslwanter, T., Curthoys, I.S., et al. A geometric basis for measurement of three-dimensional eye position using image processing [J] . Vision research, 1996, 36 (3) : 445–459.

第四部分
脑电－眼动现象描述量

第9章　脑波描述与特征量

我们把实验分为两类：自然观察实验和实验室可控实验。通过脑电技术记录的脑电数据，同样会有这两种情况的对应。无论哪种情况，通过头皮电极记录的脑电，属于"波动"现象。围绕波动现象，脑电科学采用物理学的波动理论、信息科学理论、神经科学、心理学和实验科学理论等，统一解释这些现象，旨在于揭示脑的加工特征和规律。

由于脑波的刻画涉及多个学科，因此，脑波含义的理解比较困难。其背后的脑加工机制也就更加困难。本章将从最基本的"含义"出发，解释这些指标的本质，为企图使用脑电方法揭示脑加工机制的研究者提供最基本的原理支撑。

9.1　脑电 – 眼动学科问题与效应量

前面我们根据人脑的系统论、还原理论的方法学，讨论了实验效应量的分类。这是一种从方法学层次对实验效应量的分类。但是，并没有讨论实验效应量与学科层次构造之间的关系。而学科层次的构造是和脑科学研究的基本问题直接关联。因此，弄清楚实验效应量和脑科学学科之间的关系，也就是弄清楚效应量与学科问题之间的基本关系。本节将厘清这个基本关系，这样也就理解了实验效应量提取的目的。

9.1.1　实验效应量

实验科学研究的本质，就是根据特定实验原理，诱发实验现象，对实验的机制和本质进行研究。要实现这个目的，在满足基本的实验科学规则的基础上，就要从实验现象中提取实验数据，并抽提出某种"特定量"（定性的、半定量或者定量的量）。基于这个"特定量"开展研究，如脑电波就是一种特定量。这个量，也称为实验效应量。

9.1.2　脑研究基本问题

从哲学意义上来讲，脑的加工行为是一种"自然运动"行为。那么，对脑运动现象的研究，包含以下三个基本问题。

（1）脑电－眼动运动学

脑电、眼动都是脑运作过程中，在不同层次上表现出来的一类变动现象。对这两类现象进行刻画，或者说描述这两类现象，就构成了现象学描述，也称为运动学描述。其目的就是用定性或者定量的方法，找到这两类现象的特征。

（2）脑电－眼动动理学

脑电、眼动运动学诱发的现象，背后都是由特殊的原因来支配。在这种情况下，我们要从一般性的动理学研究中脱离出来，寻找脑电－眼动现象背后的因素，即脑电－眼动现象的动理现象。在社会科学中，这类现象往往被称为因子分析（factor analysis），而在自然科学中则称为动理学研究。

（3）脑电－眼动动力学

脑电－眼动的动理学研究，并不能完全回答影响脑电－眼动的因素如何来影响脑电－眼动现象。这需要在时间进程中来观察影响的因素如何对这些现象产生影响。这个关系，也就构成了动力关系。脑电－眼动的动力学就是回答动理因素如何对现象产生影响。

9.1.3　实验效应的学科分类

在实验科学中，要定性或者定量研究上述三个基本问题。需要三类基本的量，与上述三个问题相对应。从实验现象中提取的实验效应量，也就因为问题研究的学科层次，被分为三类：脑电 – 眼动现象的描述量（或者运动学量）；脑电 – 眼动现象的动理学量；脑电 – 眼动现象的动力学量。

9.2　脑波描述问题

脑电现象的描述问题，或者说是运动学问题，是脑电研究的第一个基本问题。对脑波进行分类描述，是脑电研究的最基本出发点。脑电分为自发脑电和诱发脑电。无论哪类脑电，在电信号描述的方法学上，既存在交叠，也存在不同，这和它们的研究目的有直接关系。本节，将从一般的方法学出发，来讨论脑波描述的基本出发点。

9.2.1　脑电实验分类

从实验可控与否（自然观察实验，实验室可控实验）出发，脑电数据分为两类：自发脑电（spontaneous EEG）和诱发脑电位（evoked potentials）。在脑电发展中，为了强调诱发脑电的原因，有多种提法，我们并不进行区分。

自发脑电：是指在没有特定外界刺激的情况下，大脑皮质锥体细胞顶树突持续产生的有节律生物电电位变化的总和。在临床实践中，通过短期记录（通常20~40min）脑的自发脑电信号，辅助进行诊断，是常用的方法。

诱发脑电位：是指通过一个可控外界刺激源，诱发锥形细胞反应，产生节律性电位变化。刺激和电位之间存在锁时关系，重复刺激所得到的诱发电位波形基本相同，这种电位称为诱发电位。

9.2.2　脑波描述问题

从广义上来讲，脑电是一种变动行为，或者说是"运动"行为。确切地讲，脑电是一种波动行为。因此，刻画波动的基本特征也就构成了脑波描述的基本特征问题。这个问题，又可以概括为以下三个子问题：波形特征描述、能量特征描述、时间特征描述。

（1）波形特征描述

与单一的波动不同，脑波是一种复杂的混合波动。在物理科学和信息科学中，发展了描述混合波动的数理方法和技术算法，通过这些方法，可以提取脑波的波形特征。在脑电科学中，波形特征描述是重要的方法之一。

（2）能量特征描述

任何一种形式的波，都是携带能量的，脑波亦是如此。脑的加工活动和能量紧密关联，因此，从能量角度揭示加工过程中的能力变化，是脑波研究的重要手段之一。提取脑波的能量特征，也是脑波特征描述的一个重要方面。

（3）时间特征描述

脑的加工过程是一个动态过程。在动态加工过程中，脑波很难维持一个恒定状态，即脑波会随时间发生变化。因此，讨论脑波变动过程中，波形特征、能量特征随着时间的变化，构成了时间特征描述问题。

9.3 脑波波形特征

脑电电波是一种复杂波动，直接分析非常困难。在数理科学中，往往把复杂的波动分解为简单波动，通过简单波动的特征，来描述脑电电波。傅里叶分析方法，是这类方法的典型代表之一。本节，将重点介绍简单波动的特征指标，并介绍复杂波动的分解技术。

9.3.1 简谐振动

物体所受到的力大小与位移成正比，而方向与位移相反的合外力作用下的运动，称为简谐振动。如图 9.1 所示，一个质量为 m 小球与弹簧相连接，弹簧的弹性系数为 k。小球和水平方向的摩擦力为 0。把小球拉开一段距离后释放，小球在水平方向上做往复运动。这种运动，称为简谐运动。小球在空间运动时，位移随时间的变化就形成了振动的波形。

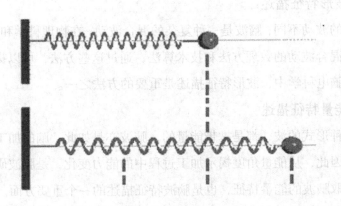

图 9.1   简谐振动

弹簧振子从平衡位置拉开一段位移后，所受到的力与位移成正比，忽略振动过程中的摩擦，弹簧振子所做的运动就是简谐运动。

9.3.2   简谐波描述

通常，用正弦函数或者余弦函数来描述简谐振动。写为：

$$y = A\sin(\omega t + \phi)\qquad\qquad(9\text{--}1)$$

式中 A 为振幅、ω 为角频率、ϕ 为初相位、y 为位移，如图 9.2 所示。

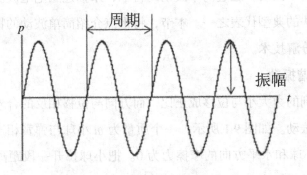

图 9.2   简谐波

简谐波是一种周期性波，具有稳定的振幅和周期。

振幅是简谐振动所能达到的最大振动范围。周期是指完成一次简谐振动所需要的时间长度，记为 T。周期 T 和 ω 角频率之间的关系满足：

$$T = \frac{2\pi}{\omega} \tag{9-2}$$

简谐波传播路径上各点的振动具有相同频率 f，把单位时间内振动的次数定义为频率。频率和周期满足以下关系：

$$f = \frac{1}{T} \tag{9-3}$$

当时间的单位取秒时，频率的单位为 hz。频率反映了单位时间内振动的快慢。

在波的传播方向上振动状态完全相同的两个质点间的最短距离称为波长（wave length），记为 λ。而一个波长传输的时间长度是一个周期 T。因此，波的速度就可以表示为：

$$v = \frac{\lambda}{T} = \lambda f \tag{9-4}$$

振幅、角频率、初相位、周期、速度和频率构成了波形描述的基本参量。

9.3.3　脑波分解——傅里叶分析

脑波是一种波动，同样要采用这些参量来描述脑波的特征。但是，在实际记录中的脑波，不是简单的简谐波，无法直接使用这些参量来描述。通过傅里叶分析方法，可以实现脑波的分解。

傅里叶分析方法是分析振动频率的强有力工具。该方法的基本原理是：任何一种形式的波动形式，都可以被分解为不同频率的正弦或者余弦相叠加的形式。其表达式为：

$$x(t) = A_0 + \sum A_n \sin(\omega_n t + \phi_n) \tag{9-5}$$

式中，$x(t)$ 为要分解的信号，A_0 是一常数项，$\sum$ 表示所有正弦波相加，ω_n 表示第 n 个正弦波的振动周期，A_n 是第 n 个正弦波对应的常数项，ϕ_n 表示对应的相位。图 9.3（a）所示为一个方波被分解为正弦波的过程；图 9.3（b）所示为方波被分解的各项正弦波；图 9.3（c）所示为分解正弦项依次相叠加的结果。随着叠加项的增加，叠加的结果越来越接近方波。

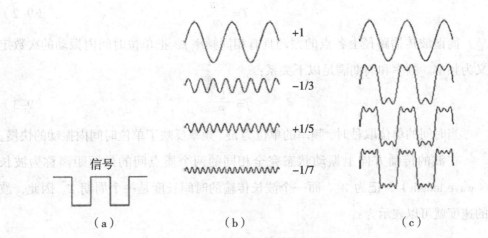

图 9.3　方波信号的分解过程

　　方波可以分解为多个波的叠加，随着叠加的成分增加，叠加的结果也就越来越接近方波。而傅里叶分析方法，则是把一个复合的波拆解为这些独立成分。也就是说，通过傅里叶分析方法，信号被分解为不同频率的简谐信号。

9.3.4　内积算法

　　前面我们讲解了傅里叶变换的重要作用，接下来的问题是：如何通过数学计算，从有限的实验数据中，得到我们需要的频率和相位等参数。这里通过一个特殊案例，利用内积计算方法，得到上述参数。

　　采用一个成分相对简单的信号，如图 9.4 所示，信号（a）包含两个成分，这两个成分如（b）和（c）所示，如果把这两个成分相加，就会得到信号（a）。

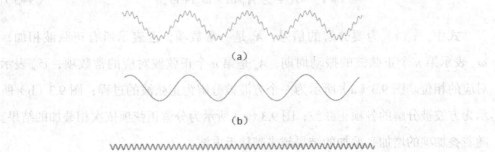

图 9.4　信号的组成

（a）信号包含两个信号成分（b）和（c），即（a）信号由（b）和（c）信号叠加而成。

这个关系用数学表示是：

$$x(t)_a = x(t)_b + x(t)_c \tag{9-6}$$

其中 $x(t)_a$ 表示信号（a），$x(t)_b$ 表示信号（b），$x(t)_c$ 表示信号（c）。以下分两个步骤得到上述结果。

为了方便讨论，我们采用矢量代数概念，讨论频率获取。在实际的脑电信号中，信号（a）、（b）、（c）是由不同电压值构成的，等时间间隔的时间序列，分别用 $x(a)_i$，$x(b)_i$，$x(c)_i$ 表示，其中 i 表示实验数据中的编号。对于这些时间序列，用一个矢量来表示：

$$\begin{aligned}
\vec{S}(a) &= (x_{a1},\ x_{a2},\ \cdots,\ x_{ai},\ \cdots,\ x_{an}) \\
\vec{S}(b) &= (x_{b1},\ x_{b2},\ \cdots,\ x_{bi},\ \cdots,\ x_{bn}) \\
\vec{S}(c) &= (x_{c1},\ x_{c2},\ \cdots,\ x_{ci},\ \cdots,\ x_{cn})
\end{aligned} \tag{9-7}$$

由（9-6）（9-7）式，我们可以得到以下关系：

$$\vec{S}(a) = \vec{S}(b) = \vec{S}(c) \tag{9-8}$$

也就是说，信号中的两个成分都可以通过矢量的方式表示出来。

首先从低频信号开始，选择一个和信号等长的低频波，如图 9.5 所示的最下端波段。该波段同样可以写成一个矢量：$\vec{R} = (x'_1,\ x'_2,\ \cdots,\ x'_i,\ \cdots x'_n)$。

把两个矢量做内积，可以得到：

$$\begin{aligned}
\vec{S}(a)\,\vec{R} &= (\vec{S}(b) + \vec{S}(c)) \cdot \vec{R} \\
&= \vec{R} \cdot \vec{S}(b) + \vec{R} \cdot \vec{S}(c) \\
&= x_1 x'_1 + x_2 x'_2 + \cdots + x_i x'_i + \cdots x_n x'_n \\
&= \sum_{i=1}^{n} x_i x'_i
\end{aligned}$$

随着频率的增加，矢量的内积也会增加，当所选频率和（b）成分一致时，矢量内积达到峰值，之后下降。随着频率进一步增加，同样也会达到一个峰值并下降，峰值所对应的频率就是我们所需要的频率。

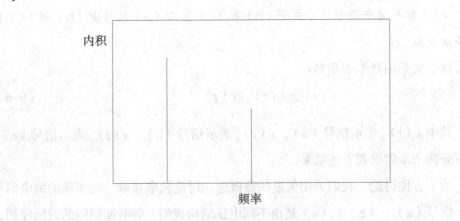

图 9.5　内积和频率的关系

　　把内积作为纵坐标，把频率作为横坐标，就可以找到内积和频率之间的频谱图。通过频谱，找到我们需要的频率。

　　同样，通过内积算法，来计算位相差 ϕ_n，把同一频率的、位相差不同的、等长的正弦函数与待分解信号做内积，当位相和待分解信号一致时，内积达到极大值，这时的位相也就是该频率对应的位相，如图 9.6 所示。

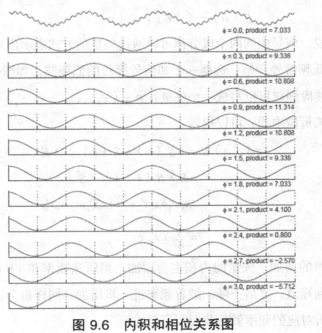

图 9.6　内积和相位关系图

把同一频率的、位相差不同的、等长的正弦函数与待分解信号做内积，当位相和待分解信号一致时，内积达到极大值，这时的位相也就是该频率对应的位相。

9.4 脑波能量特征

傅里叶分析方法，把复杂的振动分解为简单的谐振动。而任何形式的振动都具有能量，通过能量特性的提取和比较，可以使我们判断分离信号的重要程度。以能量分析为出发点，理解脑波信号本质，是脑电信号分析的一类关键方法。这类方法通常被归结为频域研究。

9.4.1 波动能量

脑活动过程中，产生的脑波，并向外传播，信号传递过程必然伴随着能量传递过程。传播能量和两个因素有关：波动的幅度和振荡的频率。通过傅里叶变换，我们得到了复杂波的波动成分，随后，我们有必要清楚地知道各种成分对应的能量释放情况。能量分析的根本目的是：根据有限数据在频域内提取被淹没在噪声中的有用信号。

（1）振幅与振动能量

通过傅里叶变换，信号被分解为各种频率的正弦振动或者余弦振动，因此，只要知道了正弦振动或者余弦振动的能量表达形式，也就知道了信号中的各种成分对应的能量表达形式。下面通过一个特殊的形式——简谐振动，来说明正弦振动的能量表达。

如图 9.7 所示，摆球在水平方向上受到弹簧作用力做往复运动，则弹簧的运动轨迹满足正弦运动或者余弦运动。

$$x(t) = A sin(\omega t + \phi) \tag{9-9}$$

在水平方向上，摆球受到的作用力为 $\vec{f} = -k\vec{x}$，其中 f 表示回复力，$\vec{x}$ 表示摆球离开平衡位置的位移，k 表示弹簧的弹性系数。

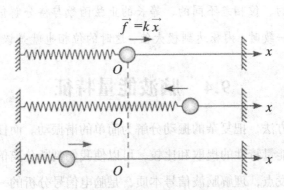

图9.7　弹簧振子受力

弹簧振子在平衡位置 O 做往复运动，从平衡位置到小球的位置为位移 $\vec{x}$，弹簧的弹性系数为 k，则弹簧所受的弹性回复力 $\vec{f}=k\vec{x}$，其方向始终指向平衡位置。

谐振系统具有的能量包含两项：摆球的动能和系统的势能。在该系统中，系统总能量守恒，即动能和势能相加之和为定值。其数学表达式为：

$$W_T=W_M+W_S=C \tag{9-10}$$

其中，W_T 表示系统的总能量，W_M 表示系统的动能，W_S 表示系统的势能，C 表示常数。

则可以采用摆球运动到最大位置（振幅处）来计算系统的总能量。当摆球在振幅位置过程中，弹性力对摆球做负功，动能被转化为弹性势能，到达最大位置处，动能为零，势能最大，这时的势能也就是系统的总能量。

其表达式为：

$$W=-\int_{x=0}^{x=A}\vec{f}\,\mathrm{d}\vec{x} \tag{9-11}$$

其中 A 为振动的振幅。

由于回复力和位移之间的夹角是 π，则上式可以化为：

$$W=\int_{x=0}^{x=A}f\mathrm{d}x=\int_{x=0}^{x=A}kx\mathrm{d}x=\frac{1}{2}kx^2\Big|_0^A=\frac{1}{2}kA^2 \tag{9-12}$$

由该式可以看出，k 是一个和系统有关系的参量，是一个常数。因此，对于一个简谐振动过程而言，弹性系数是常量，能量仅和振动的幅度有关系。

脑电信号通过傅里叶变换，分解为不同频率和振幅的谐振动（见 9-5 式）。每种振动对应的振幅为 A_n，则该成分对应的能量也就可以用 A_n^2 来表示。

（2）振动频率与能量

脑波向外传输的能量，不仅和振动幅度有关，而且还和振动频率有关，如图 9.8 所示。两个波动振动幅度相同为 A，而振动频率不同，分别记为 f_1 和 f_2。如果振动一次周期传输的能量记为 W。显然，频率是单位时间内振动的次数。那么，在单位时间内传输出去的能量分别为 f_1W 和 f_2W。也就是说振动频率越大，传输能量的能力就越大。在物理学中，单位时间内传输的能量，称为功率。

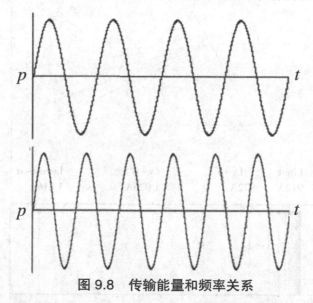

图 9.8 传输能量和频率关系

在振幅相同的情况下，振动频率越大，振动的速度也就越快，单位时间内传输的能量也就越大。

9.4.2 脑电功率谱

通过傅里叶变换，任何一种复杂的波，都可以被分解为简谐振动来处理。通过这种方法，复杂的波动振动被分解为很多简单成分。这种特性，为理解复杂波动的特征和特性提供了一种简单的思考方法和技术方法，并大量采用在信号处理技术中[1~4]。最直接的应用就是功率谱技术。

（1）谱的概念

谱源于物理学光学，是物理学中分析光成分的常用方法。光是一种电磁波动，不同形式的光振动形式对应着不同的振动频率。也就是说，光振动的形式是和频率相对应的。频率不同，光的振动形式和成分也就不同，即频率对应着光的不同成分。而通常的波动是各种波动形式叠加（各种频率成分的叠加）。通过光谱分析可以获得光波动的频率，从而了解光成分的组成，如图 9.9 所示。因此，光谱分析是光学分析中的常用方法。这种方法，也被广泛用于对各种"振动"成分分析。

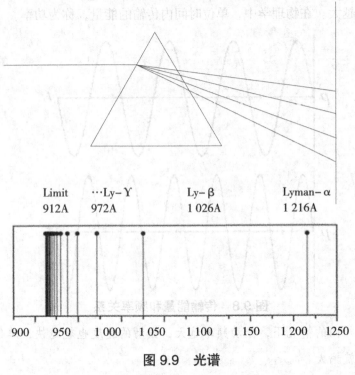

图 9.9　光谱

光由各种单色光成分组成，每种成分和频率相对应。通过三棱锥可以把复合光分解成单色成分。在物理学中，利用分光技术，可以把光分解成很多成分，就是光谱。图 9.9 是氢原子光谱谱线。

（2）信号功率

19 世纪末，Schuster 提出用傅里叶级数的幅度平方作为函数中功率的度量，并将其命名为"周期图"（periodogram）。这是经典谱估计的最早提法。这种提法至今仍然被沿用，现在使用的功率计算是它的一种变形。

现在数字化仪器记录的信号，是离散型信号。现在使用的脑电信号主要是这一类，即把一个连续的信号转换为离散的信号，即数字化，有时也称为 A/D 转换，如图 9.10 所示。

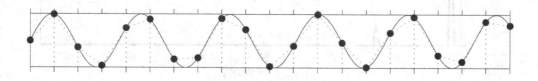

图 9.10　A/D 转换

通常情况下，一个连续的信号（实线），经仪器记录数字化后，就成为离散的数据点（黑点），并用一个数字来表示。这个过程称为 A/D 转换。

在这种情况下，实验数据也就是非连续的了。我们采用的是快速傅里叶变换（FFT）和离散傅里叶变换（DFT）对脑波信号进行分解。其本质含义和傅里叶含义相同。在这种情况下，仍然采用分解出来的振动幅度的平方（A^2）作为功率的度量，即用 DFT 的幅度平方作为信号中功率的度量。

由于脑电比较微小，通常采用 db（分贝）作为计数单位。它的定义是：

$$db=10\log x \qquad\qquad (9\text{--}13)$$

它引入的本质是，把一个很大（后面跟一长串 0）或者很小（小数点后有一长串 0）的数较为简短地表示出来。

（3）功率谱

在脑电信号研究中，为了方便观察脑电的成分及其电活动的剧烈程度，用横坐标表示频率，纵坐标表示脑电成分的功率（通常以分贝为单位），显示脑电成分及其能量状况。通过这种方法，可以分离出脑电中的主要成分，而把其他视为噪声，如图 9.11 所示。

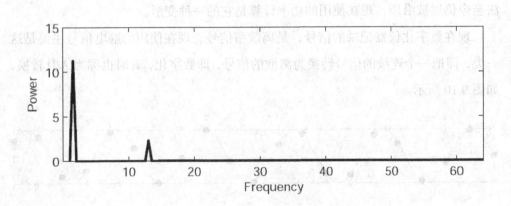

图 9.11　脑电成分及其能量状况

以频率为横坐标，以脑电成分的功率为纵坐标。

　　这种方法，在很多脑电软件中被采用，并被大量地使用。图 9.12 所示为国际通用的 EEGLAB 软件，就包含这项基本功能。能量谱方法，使我们能够直观地看到大脑内部能量活动状况。这种优点，使能量谱的方法迅速得到广泛采用。

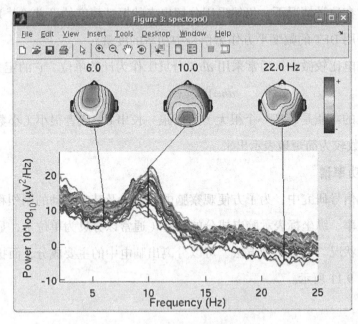

图 9.12　EEGLAB 率谱分析

EEGLAB 软件内置了功率谱分析的基本功能，可以用于脑电波动成分分析。

9.5 脑波时间进程特征

把脑电分解的各个成分作为一个稳定的脑波振荡，用脑波波形和能量特征来刻画，是行之有效的方法。但是，实际情况是，脑波的振荡会随时间发生变化。这就提出了一个基本的问题：如何描述脑波随时间变化的特征，这些特征将为后脑机制揭示提供方法学帮助。本节，将讨论时间进程中脑波描述问题。这个问题，也称为时间域问题或者脑电的时域问题。

9.5.1 傅里叶分解缺陷

脑电的成分会随时间发生变化，而傅里叶分析出来的是稳定成分。如果直接通过傅里叶方法，获取时间进程中脑电特征的思想方法就会出现问题。一个直接的想法是：如果把脑电的数据分割成很多段，每一段都采用傅里叶分析，就可以分析脑电随时间的变化特征。但是，事实并不是这么简单。

将脑电分段后，如果采用傅里叶分析方法，把脑电分解成谐波后，在两个边界处，前后两次分解的谐波往往不能连续，如图 9.13 所示。而实际脑电波在边界处是连续的。这表明，采用傅里叶分析方法，就会导致边界问题出现。必须寻找新的方法，解决边界问题。

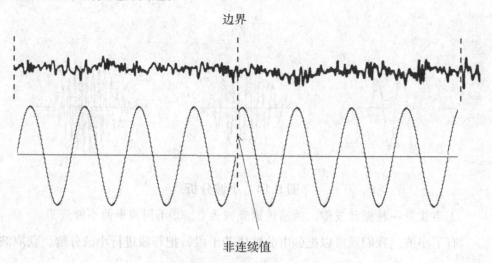

图 9.13 傅里叶分析导致的边界问题

实际记录的脑电，在边界处是连续的，如果采用傅里叶分析方法，对每段的脑电进行分解，在边界处，前后两段的脑电往往是不连续的。这是傅里叶分析导致的边界问题。

9.5.2　小波变换提出

为了解决傅里叶分析导致的边界问题，我们可以采用小波变换来解决。1974年，法国工程师 Morlet 提出小波方法（wavelet）[5, 6]。与傅里叶方法分解的正弦波和余弦波不同，它是用有限长或快速衰减的振荡波形来表示信号。在不远处，波幅迅速衰减为 0，如图 9.14 所示。

由于小波在不远处，波幅为 0。因此，如果把脑电用小波方法进行分解，那么，在边界处，小波衰减为 0。上一级和下一级都为 0，就不存在分解时边界不连续问题。

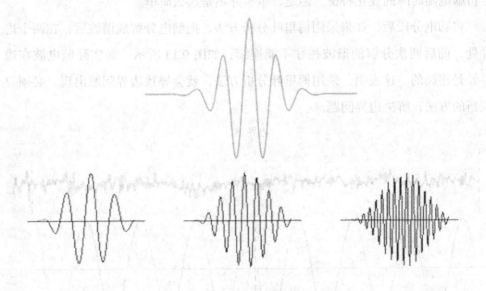

图 9.14　小波分析

①小波是一种振动波形，两端迅速衰减为 0。②不同频率的小波波形。

有了小波，我们就可以把脑电分解成若干段，把每段进行小波分解，获取波的振幅、平率等波形特征。

9.5.3　时频图

把脑电进行切割，并对脑电进行分解，就可以得到脑电随时间变化的特征。通常，采用时频图来表示脑电的时间进程。一般情况下，用横坐标表示时间，纵坐标表示频率，并用颜色的深浅表示振动的频率，如图 9.15 所示。这种时频图是功率谱和时间进程相结合的产物。

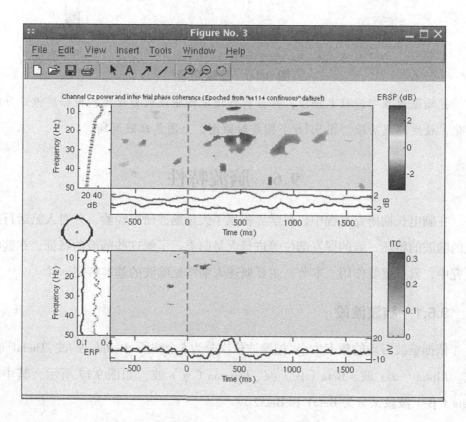

图 9.15　EEGLAB 脑波时频图

横坐标表示时间，纵坐标表示频率，颜色深浅表示功率。时频图可以显示频率在时间进程中的贡献。

在睡眠科学研究中，根据时间进程中，脑波振动特征的变化，绘出睡眠周期，是脑电时频关系的直接应用，如图 9.16 所示。

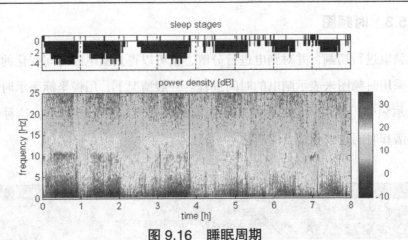

图 9.16　睡眠周期

把睡眠过程中的脑电分段，并分析每段中的脑波成分变化，根据脑波成分的变化，设定睡眠阶段。图 9.16 下图是时频图，上图是睡眠周期。

9.6　脑波特性

在脑电长期研究过程中，科学界积累了大量脑波研究经验，并对人脑运行产生的脑波的特征、脑的促发部位等进行大量归类。了解这些脑波的特征，在脑电研究中，具有重要作用。本节，主要概述人脑常见脑波的基本特征。

9.6.1　脑波波段

依据脑波振动的频率大小，把脑波依次分为 5 个波段：Delta（△）波、Theta（θ）波、Alpha（α）波、Beta（β）波、Gamma（γ）波，如图 9.17 所示。其中，Beta（β）波段又分为 Beta1 和 Beta2。

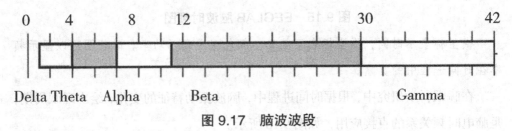

图 9.17　脑波波段

脑波的常见波段，按频率大小依次为分为 5 个波段。分别是：Delta 波、

Theta 波、Alpha 波、Beta 波和 Gamma 波。

9.6.2　波段特征

脑加工的过程极其复杂。但是，特定脑区、特定加工行为又和特定的脑波相对应。这可能是由脑的功能特性、脑的编码特性等特征来决定的。也就是说，不同的脑波信号，反映了不同脑加工功能，脑波和人脑加工功能之间的关联性关系。

（1）Delta 波

20 世纪初，W. Grey Walter 第一次描述 Delta 波段。Delta 是一种高幅慢波，振荡频率为 0.5~4Hz，波幅一般在 $100\mu V$ 左右。主要发生在儿童和成年人的深度睡眠阶段，因此睡眠的这个阶段也被称为慢波睡眠（slow-wave sleep）。并主要位于成年人的前额叶和儿童脑的后部。在过度换气、睁眼及呼叫其姓名时都对该波无影响。一般情况下，出现 Delata 波均属于异常，如图 9.8 所示。

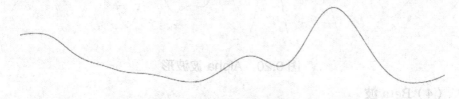

图 9.18　Delta 波波形

发生在深度睡眠阶段的高幅慢波，处于这个阶段的睡眠也被称为慢波睡眠。

（2）Theta 波

Theta 波是持续时间为 1/8~1/4s 的一种脑电波成分，频率为 4~8Hz，波幅为 20~40μV，常见于正常儿童，多见于顶、颞叶；我们把这种脑电波节律称为 θ 节律。

θ 节律是一种振荡模式的脑电图（EEG）信号，它记录来自大脑内部或者粘在头皮上的电极的信号。已经有两种类型的 θ 节律被记录下来。"海马 θ 节律"强烈振荡，可以在许多种哺乳动物的海马体和其他大脑结构中观察到，包括啮齿动物、兔子、狗、猫、蝙蝠和袋鼠。"皮质 θ 节律"是头皮脑电图的低频成分，通常在人类的脑电图里观察到，Theta 波波形如图 9.19 所示。

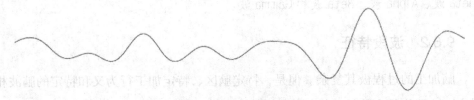

图 9.19　Theta 波波形

（3）Alpha 波

Alpha 波是频率为 8~13Hz，波幅为 10~100μV 的正弦形的脑电波，我们把这种脑电波节律称为 α 节律。这是脑电图中的基本节律，出现在大脑半球后半部，特别是枕部。安静及闭眼时出现得最多，波幅亦得最高。其波幅可以出现周期性逐渐升高和降低现象，呈纺锤形或梭形，如图 9.20 所示。

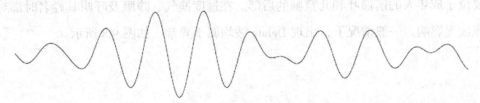

图 9.20　Alpha 波波形

（4）Beta 波

Beta 波的频率通常为 12~36Hz。振幅为 5~20μV，在脑部前方最多见，额叶最强。当精神紧张和情绪激动或亢奋时出现此波。Beta 波也是人体的一种节律波，如图 9.21 所示。

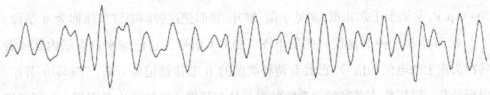

图 9.21　Beta 波波形

Beta 波是人脑思考活动中，出现的一种低幅快波。在大脑额叶与前中央可记录到这一明显波段，频率在 12~36Hz。

（5）Gamma 波

频率通常在 36~44Hz，是唯一在大脑的每一部分都能发现的频率。大脑需要 40 Hz 的活动综合处理信息。调节好 40 Hz 的脑活动能力能够得到好的记忆力，缺乏 40 Hz 将导致无学习能力。

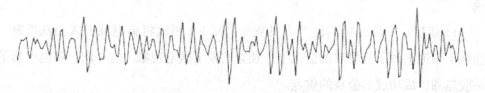

图 9.22　Gamma 波波形

Gamma 波属于频率相对较高的波段，超过 30Hz，一般频率为 36~44 Hz。

9.6.3　棘波

棘波：是时限短的电位（20~80ms），呈垂直上升和下降，波幅为 100~200μV，极性向上者称为阴性棘波，向下者称为阳性棘波。棘波多为病理性波。常见于局限性癫痫、癫痫大发作、肌阵挛性发作、间脑癫痫等。

脑波的波段和功能，如表 9.1 所示。

表 9.1　脑波的波段和功能

Unconscious			Conscious	
Delta	Theta	Alpha	Beta	Gamma
0.5~3Hz	4~8Hz	8~12Hz	12~36Hz	36~44Hz
本能	情绪	意识	思考	意愿
深睡眠昏迷（不省人事）	情感驱动神志昏迷做梦	感觉和知觉感觉信号整合	知觉专注心智活动	高度注意人迷精神活跃

知识链接

脑波发现的历史

18 世纪末，意大利人伽伐尼（L.Galvani）偶然从金属刀引发蛙腿抽动的现象中获得启发，拓开了动物电研究的先河。他进一步提出猜想，大脑这一全身神经的"联合站"是否也有电呢？ 1804 年，他的侄子试图进行验证，但由于当时实验设备性能有限，未能如愿记录到脑电波。

半个多世纪后，人们对大脑的生理结构及功能有了更深地认识，电生理实验设备也有了较大的改善。在此基础上，卡顿（R.Caton）又受到德国人杜波依斯雷蒙德（Dubois-Reymond）在外周神经上记录动作电位的启发，并在兔和猴脑上进行实证研究，成为脑电现象的第一位观察者。然而当时并未引起人们的足够重视。

15年后，一位年轻的波兰人贝克（A.Beck）再次将脑电波引入公众视野。他在不知道卡顿研究发现的情况下，独立发现了脑电现象。这一次，脑电引起了一股热潮，成功成为公众的焦点。

之后，这股热潮席卷欧美大陆。此时，灵敏度很高的弦电流计及用来放大信号的增幅器等的出现又大大助益了脑电研究。1924年，德国精神病科医师伯格（H.Berger）在自己儿子的头皮上获得了第一张人类脑电波，并被后人用更先进的仪器验证。至此，脑电波真正得以诞生。伯格也因其本贡献及后续大量的工作，成为现代临床脑电图学的奠基人。

参考文献

[1] Latni, B. Signal processing and linear systems [M] .UK: Oxford University, 1998.

[2] Oppenheim, A.V., Willsky, A.S. and Nawab, S.H. Signals and systems. 2014: Pearson.

[3] Oppenheim, A.V., Schafer, R.W. and Buck, J.R. Discrete-time signal processing. Vol. 2. Prentice hall Englewood Cliffs, NJ, 1989.

[4] Oppenheim, A.V. and Schafer, R.W. Digital signal processing. 1975.

[5] Paul, S. Addison, The illustrated wavelet transform handbook. Introductory Theory and Applications in Science, Engineering, Medicine and Finance Napier University. Edinburgh, UK, 2002.

[6] Daubechies, I. Ten lectures on wavelets. Vol. 61. SIAM: 1992.

第10章 事件相关脑电位

脑电数据可以分为两类：自发脑电和诱发电位。对于自发脑电，我们可以从波动行为的角度出发，描述脑波的基本特征，包括波形特征描述、能量特征描述和时间特征描述。

自发脑电是在刺激无控制条件下，进行的脑电记录与测量。属于一种脑电自然观察实验。这类实验，并不完全符合实验研究。因此，诱发脑电方法也就成为一类重要的实验方式。

诱发电位是被刺激所诱发的电位，刺激和电位之间存在着锁时关系，重复刺激所得到的诱发电位波形基本相同。除了刺激与运动反应之外，足够突出或者明显的心理事件，也可以用作叠加平均的时间参照，也就是说，"诱发电位"一词还不足以概括与感觉运动过程相关的所有脑电现象。因此，Herb Vaughan 提出了"事件相关电位"一词，用来表达一种电位，它显示与一个可定义的参照事件的稳定时间关系[1]。

本章包含 4 个部分，分别从概述、提取、优缺点和成分及实验范式这几个方面，介绍事件相关电位。

10.1　事件相关电位提取

事件相关电位发展，已经有一段时间的历史。积累了丰富经验，并在科学界广泛使用。从本质上来讲，它是脑电技术和可控实验技术相结合的产物，因此，基于前面章节的实验探测原理与实验测量学原理，我们就可以提取 ERP 成分。本节，将来讨论 ERP 提取过程。

10.1.1　事件相关电位概述

1924 年，德国生理学家 Hans Berger 第一个以人脑为测试对象，记录了人脑脑电[2]。在接下来的几十年里，EEG 被证明在科学领域和临床应用中都是非常有用的。但它的原始形式还只是对大脑活动的一种粗糙测量，很难用它来评价认知神经科学关注的那些高度特异性的神经过程。

使用简单的平均技术，可以从 EEG 中把与特异性的感觉、认知以及运动事件相关的神经反应提取出来，这些特异性的反应就叫作事件相关电位（Event-Related Potential，ERP）。Pauline Davis 和 Hallowell Davis 于 1935—1936 年首次获得清醒人类感觉 ERP 的明确记录，并于 1939 年发表[3, 4]。但由于第二次世界大战的影响，20 世纪 40 年代的 ERP 工作不多，直到 50 年代才再次兴起，当时多数研究集中在感觉问题上。

现代的 ERP 研究始于 1964 年，当时 Grey Walter 及其同事报告了第一个认知 ERP 成分[5]，他们把它叫作关联性负变化（contingent negative variation，CNV）。另一个主要进展是 Sutton、Braren、Zubin 和 John（1965 年）对 P3 的发现[6]。在接下来的 15 年里，大量研究集中在对各种认知 ERP 成分的识别上，以及对认知实验 ERP 记录与分析的方法上。在 20 世纪 80 年代中期，一方面由于不算昂贵的计算机的引入，另一方面由于认知神经科学研究的全面探索，ERP 研究开始变得更加普及。时至今日，ERP 仍然是研究与感觉、知觉、认知活动相关的生理反应的最重要的方法之一。

10.1.2　事件相关电位提取

ERP 的幅度一般只有 2~10μV，通常会淹没于自发电位之中。自发电位及其他的生物信号、电磁干扰构成噪声，对 ERP 的记录产生影响。从信号处理的角度来看，噪声可以近似看作均值为 0 的高斯随机过程（Gaussian random process），因此，通过叠加平均可以提高 ERP 信号的信噪比。此外，ERP 的波形（shape）和潜伏期（latency）也要被假定为是恒定的，这样就可以通过叠加平均的方法提取 ERP。

信号叠加平均的传统方法如下：首先将某一特定事件（通常是一个刺激）之后的 EEG 分段（epoch）从连续的 EEG 中提取出来。然后按照时间锁定事件（the time-locking event）将这些 EEG 分段排列，再以点对点的方式进行简单叠加平均。叠加 n 次后的 ERP 波幅增大了 n 倍，因此需要再除以 n，使 ERP 恢复原形，即还原为一次刺激的 ERP 数值，所以 ERP 也称为平均诱发电位，平均是指叠加后的平均。这样就获得了所希望的 ERP 波形图。如果 σ 表示单试次的噪音量，那么 n 个试次的叠加平均波形的噪音量就等于 $(1/\sqrt{n}) \times \sigma$。也就是说，用于迭加平均的试次数目越多，残留于叠加平均波形中的噪声就会变得越少。因此，对于 ERP 研究来说，为了提取与特异性的感觉、认知以及运动事件相关的神经反应，传统上不得不进行重复测量（次数记为 n）。

一般来说，在波形和潜伏期恒定的前提下，同类刺激重复测量的次数越多，得到的 ERP 波形越平滑。根据不同的实验任务，同类刺激重复的次数要求也不同，外生成分（exogenous component）需要相对较少的叠加试次，而内生成分（endogenous component）则要求较多的迭加试次，通常叠加次数最好大于40。

知识链接

ERP 实验数据叠加原理

几乎所有的 ERP 研究都依赖于某种叠加平均方法来使 EEG 噪声最小化，这种做法有个简单的数学解释，为了说明这一点，首先做两个容易满足的假设：

① 事件锁定 ERP 的波形和潜伏期是不变的，恒定的；

② 噪声可以近似看作均值为 0，方差为 σ^2 的高斯随机过程（Gaussian random process），并且噪声不是关于事件时间锁定的，在不同试次之间也不相关。

基于这两个假设，我们定义 $x(t, k)$ 为 EEG 分段，k 表示某一特定事件第 k 次出现，t 表示事件出现后流逝的时间。那么，EEG 分段 $x(t, k)$ 可以表示成：

$$x(t, k) = s(t) + n(t, k)$$

其中，$s(t)$ 为理论上恒定的 ERP 信号，不依赖于试次，$n(t, k)$ 为该 EEG 分段混入的噪声，依赖于试次。那么，n 个 EEG 分段的叠加平均为：

$$\bar{x}(t) = \frac{1}{n}\sum_{k=1}^{n} x(t, k) = s(t) + \frac{1}{n}\sum_{k=1}^{n} n(t, k)$$

可以证明，$\bar{x}(t)$ 的期望为 $E[\bar{x}(t)] = s(t)$，以及方差为 $Var[\bar{x}(t)] = \sigma^2/n$，因此，$n$ 个试次的叠加平均波形的噪声量就等于单试次噪声量的 $1/\sqrt{n}$。

10.2　事件相关电位优缺点

当前，尽管存在着多种探测神经认知过程的方法，例如，fMRI、fNIRS。但是，事件相关电位技术仍然广泛地运用于实验室可控实验，这是因为，ERP 技术存在着明显的优点，当然缺点也十分明显。

10.2.1　与行为测量比较

与行为测量相比较，ERPs 有两个明显的优点。第一，外显行为反应反映的是多个加工过程的总和输出，因此，我们很难说反应时（reaction time，RT）和正确率的变化是由其中某个或某几个特定加工过程变化引起的。而 ERPs 则能提供一种刺激与反应之间加工过程的连续测量，这就有可能确定受特定实验操作影响的是哪一个或者哪几个加工阶段。第二，ERPs 能够在没有行为反应变化的情况下，提供一种关于刺激加工的实时测量。

但比起行为测量，ERP 记录也有某些缺点。最明显的缺点是，ERP 成分的功能意义实质上远没有行为反应的功能意义那样清楚，因此，当研究结果发现一个 ERP 成分的潜伏期或峰值发生变化的时候，只有通过一系列的假设和推理，才能解释这个变化的功能意义。另一个缺点是，由于 ERPs 的幅度太小，必须通过大量的试次才能精确地测量到。

10.2.2　与其他生理测量比较

微电极技术（microelectrode）要在脑中插入一根电极；PET 扫描需要被试者暴露于放射性状态中，与这两种技术相比，ERP 具有无创性。

因为 ERP 记录的速度仅仅受限于 ERP 设备的采样率，且目前的 ERP 设备的采样率可以达到 1 000Hz 以上，所以 ERP 具有高时间分辨率的特点。不过，ERP 源定位是一个逆问题（inverse problem），只能被估计，不能被精确地解决，因此，ERP 的空间分辨率基本上是不确定的。而血液动力学测量（hemodynamic measures；如 fMRI、PET 和 fNIRS）正好具有互补的性质，血液动力学测量具有高空间分辨率的特点，能够达到毫米级别，不过由于受到 BOLD（Blood-Oxygen-Level Dependent）反应速度迟缓的限制，时间分辨率较低。

ERP 的费用比起其他成像技术（如 fMRI、PET 和 fNIRS）都要便宜很多。这是因为购买和维护 EEG 设备都更便宜。

10.3　事件相关电位成分

ERP 的先驱研究者经过五十多年的积累，发现了一些经典的 ERP 成分，在发现这些成分时所使用的一些研究方法对于后来者颇有启发。其中与心理学研究密切相关的成分主要包括 P1、N1、P2、N170、N2、MMN、P300、N400、P600、ERN 和 CNV 等。

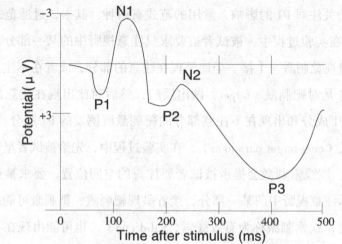

图 10.1　该波形图显示了多个 ERP 成分，包括 N1 和 P300

注意，图 10.1 中的负电压是向上的，这是一种习惯画法。

经叠加平均所得的 ERP 波形是由一系列正负电压波动所组成，这些波动被称为峰、波或者成分。在图 10.1 中，这些 ERP 成分被标记为 P1、N1、P2、N2 以及 P3。尽管有些 ERP 成分也用首字母缩略词来表示（例如，Contingent Negative Variation——CNV，Error-Related Negativity——ERN，Early Left Anterior Negativity——ELAN），但是传统上，更多地还是采用字母加数字的方式来标记，P 与 N 分别表示正走向与负走向峰，而数字则表示这个峰在波形中的位置。例如，波形中第一个负走向峰通常出现在刺激呈现后 100ms 左右，常常用 N100 或者 N1 来标记（绘制 ERP 波形时，习惯上令负电压向上，正电压向下），N100 指出这个峰的潜伏期是刺激呈现后 100ms，并且是负走向的；N1 指出这个峰是刺激呈现后第一个负走向的峰。所指示的 ERP 成分的潜伏期往往有一个宽广的范围。例如，P300 成分可能出现在 250~700ms 之间的任何位置上。

10.3.1　P1

P1 成分是正走向成分，一般开始于刺激后 70~90ms 之间，峰在 80~130ms 之间。研究表明，P1 波起源于腹外侧纹前皮质（ventrolateral prestriate cortex）。早期关于 P1 的研究主要是寻找在视觉刺激呈现后何种成分会被诱发，研究发现，不管是几何图形，还是颜色和白光，只要快速闪现，都会诱发枕叶的 P1 成分[7~9]。后期研究开始关注对 P1 的影响，常用的范式有两种：其一，过滤范式（filtering paradigm），在实验过程中，被试者被要求只注意视野中的某一部分，而忽略其余部分，一组视觉刺激一个接一个地呈现在注意的部分，或者在不注意的部分，被试者的任务是对靶刺激（target）做出反应，然后对比出现在注意部分的靶刺激所诱发的 P1 成分和出现在不注意部分的靶刺激所诱发的 P1 成分[8]；其二，线索靶子范式（cue-target paradigm），在实验过程中，先给被试者呈现一个线索刺激（cue），该线索刺激会提示被试者要注意的空间位置，要求被试者按照线索刺激的指示注意视野中的某一部分，接着呈现靶刺激，靶刺激可能出现在注意的部分（此时，线索刺激称为有效线索，valid cue），也可能出现在不注意的部分（此时，线索刺激称为无效线索，invalid cue），被试者的任务是对靶刺激做出反应，实验有时候也会加入中性线索（neutral cue），即没有指向性的线索刺激，最后比较这三种条件下（有效线索、无效线索、中性线索）靶刺激所诱发的P1 成分。经两两对比发现，有效线索和中性线索条件下 P1 成分无显著差异，而相较于有效线索，无效线索条件下诱发的 P1 成分幅度更低，Luck 等人建议这种P1 效应反映了注意代价（cost of attention）[10]。

10.3.2　N1

大多数 N1 研究使用的都是听觉刺激，即研究的是听觉 N1，不过 N1 成分在其他刺激类型条件下也可以出现，比如，视觉 N1。听觉 N1 波有几种不同的子成分：N100a，峰出现在 75ms；N100b，峰出现在 100ms；N100c，峰出现在 130ms。听觉 N1 波敏感于听觉刺激的不可预测性（unpredictability），研究发现听觉刺激重复呈现（repetitive）时，N1 成分较小，而听觉刺激随机呈现（random）时，N1成分较大[11]。Schafer 和 Marcus 的一项研究发现，当刺激的呈现由被试控制时，N1 成分会降低，且这种效应与智力相关，智力高者的 N1 成分下降幅度最大[11]。听觉 N1 波还敏感于语音的特定属性，例如，辅音释放时间（Voice Onset Time，VOT），语音刺激的 VOT 较短时（0~30ms），会诱发单峰的 N1 成分；而 VOT较长时（大于 30ms），会诱发双峰的 N1 成分[12]。

视觉 N1 波出现在 P1 波之后，也包括几种子成分：最早的子成分是刺激后 100~150ms 在头前部电极上的峰。而头后部的子成分，其峰一般都在刺激后150~200ms 出现。通常用于视觉 N1 研究的实验范式也是过滤范式和线索靶子范式，结果却与 P1 不同，研究发现，出现在注意部分的靶刺激所诱发的 N1 成分更大，这显示出一种注意优势（benefit of attention）[10]。此外，视觉 N1 波的幅度还受注意水平的影响，随着注意力的下降，N1 波的幅度也下降[13]。近些年，有些研究者使用社会性刺激（socially relevant stimuli）来研究视觉 N1 成分，发现相较于中性情绪刺激（如手表），正性情绪刺激（如异性的裸体）和负性情绪刺激（如咆哮的狼）都会诱发一个更大的 N1 波[14]。

10.3.3 P2

视觉 P2 波是跟随在 N1 波之后的又一个正走向成分，其峰一般都在刺激后 150~275ms 出现。它位于额 – 中央区域和顶 – 枕区域。研究者通常使用视觉搜索范式（visual search paradigm）来考察 P2 成分[15]。一种典型的做法是给被试者呈现一个刺激矩阵，刺激矩阵有两种类型，一种是所有的刺激都是相同的（例如，8 个相同的竖条，位置随机），这种刺激矩阵称为标准刺激；另一种是有一个刺激与其余刺激不同（例如，1 个横条和 7 个相同的竖条，位置随机），这种刺激矩阵称为靶刺激，被试者的任务是对刺激矩阵进行分类。例如，靶刺激按鼠标左键，标准刺激按鼠标右键。研究者使用该范式发现，相较于标准刺激，靶刺激可以诱发一个更大的头前部 P2 成分，基于这个结果，研究者建议自上而下的信息加工（属性分类）影响了视知觉加工阶段，视觉 P2 成分可能与选择性注意、属性检测或其他早期加工阶段有关[15]。其他的一些研究报告了 P2 成分与记忆加工[16]、语言加工[17]之间的联系。有研究者建议 P2 成分可能是认知匹配系统（cognitive matching system）的一部分，该系统的功能是对比感觉输入和存储的记忆[15]。

10.3.4 N170

N170 是由 Bentin 及其同事发现的。在他们的研究中，被试者被动地观看面孔刺激和非面孔刺激（如车子），通过比较，发现面孔刺激比非面孔刺激在外侧枕叶诱发出更多的电位，特别是在右半球，其峰大约在 170ms，这个反应被叫作 N170 波[18]。此后的研究发现，倒置面孔与正向面孔相比，其 N170 更晚、更大，使得 N170 成为面孔特异性的一个标志[19]。Blau 等人的研究结果揭示了 N170 会受到表情的调节[20]。此外，N170 还被用于考察其他复杂刺激的知觉加工，结果发现，鸟类专家对鸟类图片表现出增强的 N170，狗类专家对狗类图片表现出增强的 N170，指纹专家对指纹图片表现出增强的 N170[21, 22]。

10.3.5 N2

N2 成分是负走向的波，其峰一般都在刺激后 200~350ms 出现，它主要位于头前部。关于 N2 成分的早期研究把它看成是一种失匹配检测子（mismatch detector），而后期研究发现 N2 成分与执行控制功能（executive control function）有关，还有研究者将 N2 成分用于语言研究[23]。许多实验范式都可以用来考察 N2 成分，例如，Oddball 范式、侧抑制任务（flanker task），go/no-go 任务等。Oddball 范式中，通常给被试者呈现一系列的视觉或听觉刺激，刺激根据出现频率的不同分为标准刺激（频率高，如 80%）和靶刺激（频率低，如 20%），被试者的任务是对靶刺激进行计数或者按键反应。研究发现，这两种不同的反应方式会产生 3 种不同的 N2 子成分：计数产生的 N2 子成分叫作 N2a（有时又叫作失匹配负波，Mismatched Negativity，MMN），按键反应产生的 N2 子成分叫作 N2b（头前部）和 N2c（头后部）[23, 24]。侧抑制任务中，通常给被试者呈现刺激阵列（如 AAAAA），被试者根据中间的刺激进行出反应，实验包括两种刺激阵列，一致的（如 AAAAA）和不一致的（如 BBABB），研究发现，不一致条件下会出现明显的 N2 成分[23]。go/no-go 任务中，给被试者呈现的刺激在两个维度上不同，其中一个维度用于规定反应类型（是左键反应还是右键反应），另一个维度用于规定 go/no-go（是做出反应还是不做出反应）。例如，如果呈现的是字母 A，被试者按鼠标左键；如果呈现的是字母 B，则按鼠标右键；如果字母的尺寸小，做出按键反应；尺寸大，不做按键反应。研究发现，不做反应（no-go）条件下会出现明显的 N2 成分[25]。

10.3.6　失匹配负波

失匹配负波（MMN）是采用听觉 Oddball 范式得到的。在 Oddball 范式中，大概率刺激称为标准刺激，小概率刺激称为靶刺激，分别在两只耳朵中出现，让被试者进行双耳分听，只注意一只耳朵的声音，不注意另一只耳朵的声音，并对小概率刺激计数。结果发现，无论注意与否，在约 250ms 内，小概率刺激均比大概率刺激引起更大的负波。以小概率刺激引起的 ERP 减去大概率刺激引起的 ERP，会得到一个差异波，是一个存在于 100~250ms 之间的明显的负波。这一结果最早由 Näätänen 报告[24]。随后的一系列研究表明，MMN 反映的是人脑对刺

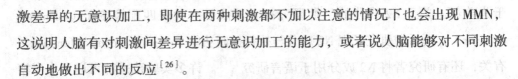

激差异的无意识加工，即使在两种刺激都不加以注意的情况下也会出现MMN，这说明人脑有对刺激间差异进行无意识加工的能力，或者说人脑能够对不同刺激自动地做出不同的反应[26]。

10.3.7　P300

P300是Sutton等人于1965年发现的。在发现P300时使用的也是Oddball范式，Sutton等人的实验记录到在小概率刺激出现之后300ms时出现一个正波，称为P300，这个波在顶叶最大[6]。研究发现，P300的波幅与所投入的心理资源量成正相关，其潜伏期随任务难度增加而变长。McCarthy和Donchin认为，P300的潜伏期反映的是对刺激物的评价或分类所需的时间，而P300波幅反映的是工作记忆中表征的更新，这是P300的一个子成分，现在称为P3b[27]。P300的另一个子成分为P3a，潜伏期为250~280ms，反映的是注意定向或新颖刺激加工[28]。另外，P300也普遍存在于哺乳动物中，如老鼠、猫、猴子等，这说明P300可能代表着神经系统的某种基本活动。近年来精确脑定位手段，如FMRI，发现P300的来源不止一个，因而P300不是一个单纯的成分，而是与多种认知加工有关。现在，P300的概念发生了变化，许多潜伏期不相同的波形也称为P300，这样就形成了一个家族（family），称为晚正复合体（late positive complex）[29]。

10.3.8　N400

N400是研究语言加工神经机制常用的ERP成分，最早在1980年由Kutas和Hillyard发现[30]。他们通过屏幕向被试者呈现一些句子，句子的每个单词都是从前往后逐个出现的，一些句子是正常的、符合语法和语境的，例如，He returned the book to the library，在呈现句子时同步记录每个单词呈现后引起的脑电变化。还有一些句子的最后一个单词是明显畸义的（违反语义期待），例如，I take coffee with cream and dog。实验观察到在这个畸义词出现之后400ms左右出现了一个新的负成分，即N400，并且语义畸异程度越大，N400波幅越大[30]。目前一般认为N400与语义冲突有关。但进一步研究发现，与P300相似，N400

也有许多子成分，分别与不同的认知过程相关，有彼此不同的来源。而且发现 N400 不仅与语言加工有关，面孔、图画等非言语刺激能诱发 N400[31]。N400 并不是代表语义整合的指标，因为 N400 是不一致减一致条件得到的差异波。

10.3.9 P600

P600 是另一个语言相关的 ERP 成分，听觉刺激（听句子）或者视觉刺激（读句子）都可以诱发 P600，P600 波开始于刺激呈现后 500ms 左右，大约在 600ms 达到其峰值，之后还会持续数百毫秒。它主要分布在中央 – 顶区域。P600 波被看作是一个语法特异性的 ERP 成分，语法错误（grammatical errors）或者园径句（garden path sentences）可以诱发该成分[32~34]。一个语法错误的例子是 "the child throw the toy"（孩子把玩具扔了），这里 "the child" 是第三人称单数，因此，后面应该是 "throws" 才正确。一个园径句的例子是 "The horse raced past the barn fell"（跑过饲料房的马倒下了），读到 "The horse raced past the barn"（马跑过了饲料房）的时候，大多数读者都认为这是一个完整的句子，"raced" 是主要动词，做句子的谓语；而读到句子末尾的另一个动词 "fell" 时，我们才发现，"raced" 不是该句的主要动词，"raced past the barn" 居然是 "The horse" 的后置定语，居于句末的动词 "fell" 才是该句的谓语动词。有一种理论认为 P600 成分反映了修正（revision）和重新分析（reanalysis）加工[33]。

10.3.10 错误相关负波

错误相关负波（Error-Related Negativity，ERN；有时也叫作 Ne）是一个负走向的 ERP 成分，出现在被试者的错误反应之后，是一种反应锁定（response locked）的 ERP 成分，其峰值出现在错误反应之后 80~150ms，它主要分布在额叶和中央区域。可以用于研究 ERN 的实验范式有很多，实际上，只要被试者在执行运动反应时有可能犯错，这样的范式就可以用来考察 ERN，当然，因为 ERP 成分是通过叠加平均获得的，因此，这样的范式还必须保证能够收集到足够多的错误反应，常用的实验范式有侧抑制任务和 go/no-go 任务。反应方式不一定非要用手，用脚或者口头反应都可以诱发 ERN 成分[35, 36]。当然，也必须是错误的反应之后。ERN 的波幅敏感于被试者的动机和意图，有研究发现，相较于要求被试者尽可能快速地做出反应，要求被试者尽可能准确地做出反应的条件下，ERN 的幅度更大[37]，还有，金钱激励（monetary incentives）同样会引起更大的 ERN 波幅[38]。此外，被试者对错误反应的意识程度也会影响 ERN 的波幅，当被试者没有意识到错误反应的情况下，ERN 的波幅会降低[39]。

10.3.11 关联负变

关联负变（Contingent Negative Variation，CNV）是一个负走向的 ERP 成分，发现 CNV 的实验中，被试者被告知，他将得到两个信号（声音和闪光等），他的任务是在第一个信号出现后开始准备反应，但并不反应，当出现第二个信号之后，则要又快又准地做出反应，两个信号之间的间隔时间并不固定。结果发现，在两个信号之间，被试者的脑电出现了负向偏移，这个脑电负向变化形成的类似高原的波形就是 CNV，在被试者完成按键反应之后 CNV 就消失了。这个结果是 1964 年由 Walter 等人发现的，他们还发现了 CNV 在头顶区域最大[5]。CNV 被认为主要与心理因素有关。比如期待、意动、定向反应、觉醒、注意、动机等，可以认为它基本上是一个综合的心理准备状态的反应，处于紧张或应急状态的反应[40]。

参考文献

[1]Luck，S.J. 事件相关电位基础［M］. 范思陆，丁玉珑，曲折，傅世敏（译），上海：华东师范大学出版社，2009.

[2]Berger，H. äber das elektrenkephalogramm des menschen［J］. European Archives of Psychiatry and Clinical Neuroscience，1929，87（1）：527–570.

[3]Davis，H.，et al. Electrical reactions of the human brain to auditory stimulation during sleep［J］. Journal of Neurophysiology，1939，2（6）：500–514.

[4]Davis，P.A. Effects of acoustic stimuli on the waking human brain［J］. Journal

of Neurophysiology, 1939, 2（6）: 494–499.

[5] Walter, W., et al. Contingent negative variation: an electric sign of sensori–motor association and expectancy in the human brain [J]. Nature, 1964, 203: 380–384.

[6] Sutton, S., et al. Evoked–potential correlates of stimulus uncertainty [J]. Science, 1965, 150（3700）: 1187–1188.

[7] Spehlmann, R., The averaged electrical responses to diffuse and to patterned light in the human [J]. Electroencephalography and clinical neurophysiology, 1965, 19（6）: 560–569.

[8] Hillyard, S.A. andM ü nte, T.F. Selective attention to color and location: An analysis with event–related brain potentials [J]. Perception & psychophysics, 1984, 36（2）: 185–198.

[9] Cobb, W. and Dawson, G. The latency and form in man of the occipital potentials evoked by bright flashes [J]. The Journal of physiology, 1960, 152（1）: 108–121.

[10] Luck, S.J., et al. Effects of spatial cuing on luminance detectability: psychophysical and electrophysiological evidence for early selection [J]. Journal of experimental psychology: human perception and performance, 1994, 20（4）: 887–904.

[11] Schafer, E.W. and Marcus, M.M. Self–stimulation alters human sensory brain responses [J]. Science, 1973, 181（4095）: 175–177.

[12] Steinschneider, M., et al. Temporal encoding of the voice onset time phonetic parameter by field potentials recorded directly from human auditory cortex [J]. Journal of neurophysiology, 1999, 82（5）: 2346–2357.

[13] Haider, M., P. Spong, and Lindsley, D.B. Attention, vigilance, and cortical evoked–potentials in humans [J]. Science, 1964, 145（3628）: 180–182.

[14]Carreti é , L., et al. Automatic attention to emotional stimuli: neural correlates[J].

Human brain mapping, 2004, 22（4）: 290-299.

[15] Luck, S.J. and Hillyard, S.A. Electrophysiological correlates of feature analysis during visual search [J]. Psychophysiology, 1994, 31（3）: 291-308.

[16] Dunn, B.R., et al. The relation of ERP components to complex memory processing [J]. Brain and cognition, 1998, 36（3）: 355-376.

[17] Federmeier, K.D. and Kutas, M. Picture the difference: Electrophysiological investigations of picture processing in the two cerebral hemispheresM [J]. Neuropsychologia, 2002, 40（7）: 730-747.

[18] Bentin, S., et al. Electrophysiological studies of face perception in humans [J]. Journal of cognitive neuroscience, 1996, 8（6）: 551-565.

[19] Jacques, C., O. d' Arripe, and Rossion, B. The time course of the inversion effect during individual face discrimination [J]. Journal of Vision, 2007, 7（8）: 3.

[20] Blau, V.C., et al. The face-specific N170 component is modulated by emotional facial expression. Behavioral and Brain Functions, 2007, 3: 7.

[21] Tanaka, J.W. and Curran, T. A neural basis for expert object recognition [J]. Psychological science, 2001, 12（1）: 43-47.

[22] Busey, T.A. and Vanderkolk, J.R. Behavioral and electrophysiological evidence for configural processing in fingerprint experts [J]. Vision research, 2005, 45（4）: 431-448.

[23] Folstein, J.R. and Van Petten, C. Influence of cognitive control and mismatch on the N2 component of the ERP: A review [J]. Psychophysiology, 2008, 45（1）: 152-170.

[24] Näätänen, R., A.W. Gaillard, and Mäntysalo, S. Early selective-attention effect on evoked potential reinterpreted [J]. Acta psychologica, 1978, 42（4）: 313-329.

[25] Heil, M., et al. N200 in the Eriksen-task: Inhibitory executive process? [J]. Journal of Psychophysiology, 2000, 14（4）: 218-225.

［26］Näätänen, R., et al. The mismatch negativity（MMN）in basic research of central auditory processing: a review［J］. Clinical Neurophysiology, 2007, 118（12）: 2544-2590.

［27］McCarthy, G. and Donchin, E. A metric for thought: a comparison of P300 latency and reaction time［J］. Science, 1981, 211（4477）: 77-80.

［28］Polich, J. Overview of P3a and P3b［M］, in Detection of Change: Event-Related Potential and fMRI Findings, J. Polich, Editor. 2003, Kluwer Academic Press: Boston. 83-98.

［29］Sutton, S. and Ruchkin, D.S. The late positive complex［J］. Annals of the New York Academy of Sciences, 1984, 425（1）: 1-23.

［30］Kutas, M. and Hillyard, S.A. Reading senseless sentences: Brain potentials reflect semantic incongruity［J］. Science, 1980, 207（4427）: 203-205.

［31］Kutas, M. and Federmeier, K.D. Thirty years and counting: Finding meaning in the N400 component of the event related brain potential（ERP）［J］. Annual review of psychology, 2011, 62: 621-647.

［32］Osterhout, L. and Holcomb, P.J. Event-related brain potentials elicited by syntactic anomaly［J］. Journal of memory and language, 1992, 31（6）: 785-806.

［33］Kaan, E. and Swaab, T.Y. Electrophysiological evidence for serial sentence processing: A comparison between non-preferred and ungrammatical continuations. Cognitive Brain Research, 2003, 17（3）: 621-635.

［34］Gouvea, A.C., et al. The linguistic processes underlying the P600［J］. Language and Cognitive Processes, 2010, 25（2）: 149-188.

［35］Holroyd, C.B. Dien, J. and Coles, M.G. Error-related scalp potentials elicited by hand and foot movements: evidence for an output-independent error-processing system in humans［J］. Neuroscience letters, 1998, 242（2）: 65-68.

［36］Masaki, H., et al. Error-related brain potentials elicited by vocal errors［J］. Neuroreport, 2001, 12（9）: 1851-1855.

［37］Gentsch，A.，P. Ullsperger，and Ullsperger，M. Dissociable medial frontal negativities from a common monitoring system for self-and externally caused failure of goal achievement ［J］. Neuroimage，2009，47（4）：2023-2030.

［38］Pailing，P.E. and Segalowitz，S.J. The error - related negativity as a state and trait measure：Motivation，personality，and ERPs in response to errors ［J］. Psychophysiology，2004，41（1）：84-95.

［39］Wessel，J.R. Error awareness and the error-related negativity：evaluating the first decade of evidence ［J］. Frontiers in human neuroscience，2012，6：88.

［40］Tecce，J.J. Contingent negative variation （CNV）and psychological processes in man ［J］. Psychological bulletin，1972，77（2）：73-108.

第11章　脑电空间分布特征量

　　根据脑电波形特征（EEG 波形、ERP 波形），分析脑加工特性，在脑电研究领域比较普遍并占据主要地位。而在 MEG（脑磁图）技术中，这种情况正好相反，是根据脑产生的磁场的空间特征（成像技术），推断脑中神经的发生源和脑的时间动态加工机制[2, 3]。

　　长期以来，科学界就已经意识到该点：脑电应该像脑磁成像技术一样，采用空间分析方法（成像技术），来分析脑加工问题。由于高密度脑电极使用，这种情况迅速得以改善。通过脑电空间特征分析的方法，开始受到重视。这些方法包括：脑地形图（brain topographic maps）、空间模式分析（spatial pattern analysis）、源定位（source localization techniques）[4]。

　　因此，本章将从脑电最基本的原理出发，来讨论脑电的空间特征描述，并讨论空间特征的定量指标及其含义，并为应用打下基础。

11.1　人头球模型

　　从数学上来讲，人脑空间分布的数据，是三维空间的数据。为了统一表示人脑三维空间的实验数据，在国际脑电研究领域，把构成人头的因素进行简化，采用一个人头模型（head model）来对实验数据进行定标。它是人脑三维实验数据表示和研究的基础，也是脑地形图的基础。本节，主要讨论最简单的人头球模型。

11.1.1　人头球体模型

人脑皮层的突触后电位促发后，经过人脑组织（brain）、颅骨（skull）到达头皮（scalp）。我们把这 3 层组织看成均匀介质，忽视人头的空间几何学差异，就可以把人头看成一个球体。

对于人头而言，同样把人脑组织、颅骨、头皮看成球体，它们对应的半径分别近似为：8.0cm、8.5cm 和 9.2cm。每层对应的电阻约为：$2.22\Omega m$、$177\Omega m$ 和 $2.22\Omega m$[5]，如图 11.1 所示。

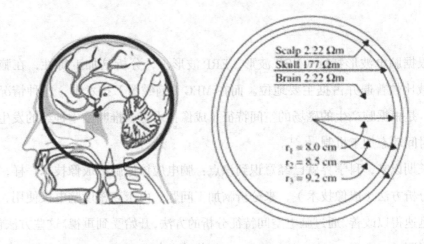

图 11.1　人头球模型

把人脑看成球体，人脑组织、头皮和皮肤对应这球体的不同的层。并具有各自的半径和电阻。

11.1.2　球坐标系

如果我们把球心作为平面直角坐标系的原点 O（0，0，0），并建立三维笛卡尔坐标系。在平面直角坐标系下，球体上的任意一个点 P 对应的坐标为（x, y, z）。若 OP 在 x-y 平面内与 x 轴的夹角为 θ，与 z 轴夹角为 ϕ。球的半径为 γ。则 P 点也可以用（γ, θ, ϕ）来表示。这就是该点对应的球坐标，如图 11.2 所示。

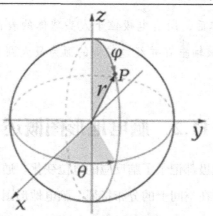

图 11.2 球坐标系

球面上任意一点对应的半径为 γ，该点投影与 X 轴的夹角为 θ，与 Z 轴夹角为 ϕ。则该点对应的球坐标为（γ，θ，ϕ）。

一旦人头看成球体，就可以采用球坐标系来刻画。最简单的方式，就是把整个球体理解为单位元。即球体球心到头皮的半径为一个单位，$r = 1$。那么，所有 EEG 记录的电极都位于这个球体的球表面上，如图 11.3（a）所示。如果把通过 Cz 和球心的轴作为对称轴，就会存在一个与该轴垂直的最大半球面，这个球面也通过球心。所有电极都可以投射到这个半球面上，如图 11.3（b）所示。球坐标系是脑电地形图的基础。

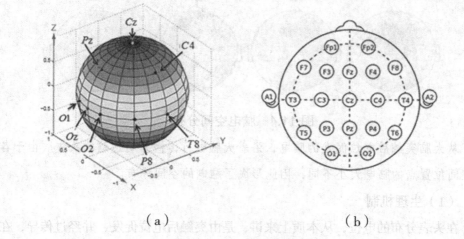

（a）　　　　　　　　　　　　（b）

图 11.3 球体表面电极

①把人头看成球体后，所有电极位于人头球体的表面上。②以通过球心和 Cz 两点为对称轴，与该轴垂直并经过球心的面为最大圆面。所有电极都可以投射到该圆面上。

11.2　脑电地形图概述

任意时刻，每个电极都记录了脑反应的电位变化。通过每个电极记录的电位变化，就可以研究脑电在空间上的分布特征。脑电地形图是脑电空间分布特征基本表示方法。本节，将从物理学原理出发，讨论脑电地形图的基本原理和方法。

11.2.1　脑电空间分布机制

脑电是由神经的突触后电位促发的。由于容积传导，电场在脑内传导并扩散，并最终达到头皮，由于电场到达皮层的位置不同、电位大小不同，因此电场形成了空间分布。在头皮分布的电场，具有以下几个特征，如图 11–4 所示。

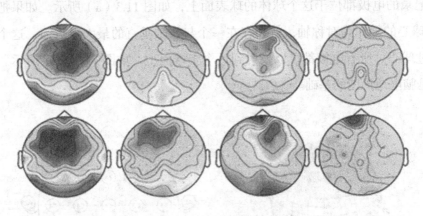

图 11.4　脑电空间分布

从大脑突触后电位促发的脑电，沿着大脑进行传播并到达脑的头皮。由于各个空间位置点的脑电大小不同，因此形成了脑电的空间分布。

（1）生理机制

在头表分布的电位，从本质上来讲，是由突触后电位促发，并经过传导，在空间形成分布差异的结果。因此，突触后电位是诱发的根本原因。这种差异包含了容积传导的因素。例如，脑的不同介质层。

（2）物理机制

突触头电位变化，可以通过物理学的偶极子来描述。并且，脑电的诱发是大量偶极子同步促发的结果。因此，根据物理学定律，造成人脑头皮电压分布差异的因素包括如下几点：

① 脑皮层中的偶极子分布；偶极子在脑中分布区域的不同，直接会导致头皮电位分布变化；

② 偶极子方向发生了改变，地形图也会发生改变。偶极子方向的改变，意味着空间电极性发生变化。根据物理学定律，这显然会导致空间电位发生变化。

也就是说，对于任意给定时刻，脑皮层的空间电位一旦发生变化，就意味着脑皮层的偶极子方向或者脑偶极子分布发生了变化。这种变化显然是脑加工的基本机制造成的[6,7]。因此，这是我们利用脑电空间分布，来研究脑加工的最根本原因。

（3）动态特征

脑的加工变化，导致突触后电位发生变化，它是和时间有关系的变量。也就是说，由突触后电位导致的头皮电位也会随时间发生变化。那么，每个时刻头皮电位分布也会随之发生变化，即电位的空间分布发生了动态变化。

11.2.2　脑电地形图

既然脑电在空间存在着分布差异，并和脑加工机制直接关联。因此，把脑电在头皮的任意时刻的空间分布，用成像的方法表示出来，就可以把人脑的加工活动呈现出来，这种方法称为脑电地形图（EEG topography）。脑电地形图方法，是脑成像方法的一种，具有广泛应用。

（1）表示方法

在人脑头皮表面的任意一点，都具有自己的位置坐标（x，y，z），该点在最大圆面的投影的位置坐标记为（x，y）。我们把该点的头皮电压记为 U。则电压 U（x，y，z）是空间位置的函数，当我们不考虑 z 坐标，而把电压值大小投射到最大圆面时，就得到了脑电地形图，如图 11.5 所示。

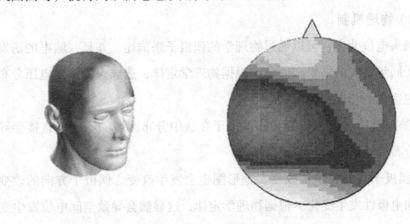

图 11.5　脑电地形图映射关系

把头皮记录到的电压大小向最大圆面投射，就得到了脑电地形图。

（2）脑电空间构型

在脑电地形分析中，每个电极位置对应的头皮脑电，都是地形图像中的一个采样点，也就是说电极是和记录位置关联的一个变量，每个电极位置相互独立。因此，把电极作为一个变量，根据多变量统计，每个电极对应的头皮电压，可以作为一个矢量，记为：

$$\vec{E_s}(t) = (u(e_1) \cdots u(e_i) \cdots u(e_n)) \tag{11-1}$$

式中，u 表示电极对应的头皮电压，e_i 代表第 i 个电极，n 代表电极数量，这是和时间有关系的一个矢量。

如果用 x–y 平面表示脑球体的最大投射面，u 表示头皮电压，如图 11.6 所示。那么，所有头皮电压的值，就构成了一个曲面。这个曲面称为脑电地形的一个构型。它在 x–y 平面的投影就是地形图，并把一个峰或者谷上的所有电压相同的值连接在一起，就构成了"等高线"，类似地质学上的等高线。由于每个电极采集了这个构型上的某个点的电压，或者说是曲面上的一个数据。因此，矢量 $\vec{E_s}(t)$ 就代表了时刻 t 的脑电空间构型，或者说脑电曲面。

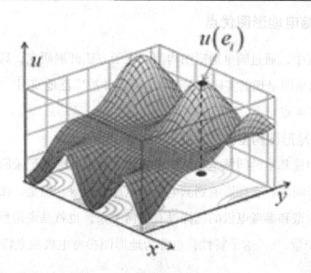

图 11.6　脑电地形图构型

x-y 面表示脑球体的最大投射面；u 表示头皮电压大小，所有头皮电压值构成了一个曲面（脑电的一个构型）。u（e_i）表示第 e_i 个电极记录的电压。

（3）脑电地形图测量问题

在实际的脑电测量中，我们往往采用有限空间点来记录脑电。每个脑电电极就是一个采样点。因此，在这种情况下，我们的测量点总是有限的。得到的实验数据不是连续的空间点。为了解决脑电地形图绘制不精确问题，通常采用两种方法来解决空间点不足问题。

① 高密度电极

通过提高记录电极数量解决空间点不足。现在的脑电研究领域，已经由原来的低电极数量记录，发展成为高密度电极记录，如现在的 256 导电极。通过提高高密度电极数量是一种非常有效的方法，但是，它也导致了一系列其他实验上的问题。例如，实验周期加长等。

② 内插方法

内插方法是一种纯粹的数学方法，用于脑电地形图数据计算。这种方法，用来计算两个电极之间的空间点的电位。通过这种方法，就可以使两个采样点之间的电位数据变得平滑，提高了脑电地形图表达的精确程度。

11.2.3　脑电地形图优点

在实验研究中，通过脑电地形图构型，表示方法开展研究，具有很多优良特性，使得脑电地形图呈现的实验数据可信、可靠并被广泛地使用。它的优良特性，可以概括为以下 4 点。

（1）脑电地形图构型独立特性

脑电记录中最基本的问题是参考电极选择。我们在前面记录原理中已经讨论了参考电极选择问题。它会影响到脑电电极电压的记录。但是，在脑电地形图方法中，地形图构型和参考电极的选择没有任何关系，也就是说构型是不依赖于参考电极的独立变量[8]。这个特性，也称为地形图参考电极独立特性（reference-independent）。

知识链接

脑电地形图构型独立特性证明

假设脑电参考电极的电压记为 $u(e_r)$，给定一个时刻 t，每个电极上对应的头皮电压矢量为：$\overrightarrow{E_s(t)} = (u(e_1) \cdots u(e_i) \cdots u(e_n))$。这个对应着头皮电压的一个构型。那么，头皮记录的电压为头皮电压和参考电极之间的差值，即：

$$\overrightarrow{E_m(t)} = (u(e_1) - u(e_r) \cdots u(e_i) - u(e_r) \cdots u(e_n) - u(e_r)) \quad (11-2)$$

该式表明：由于所有头皮电压减去同一个值，相当于把整个头皮电压的构型（平面），沿着 z 轴方向（这里的 z 轴表示电压），整体发生平移，如图 11.7 所示。

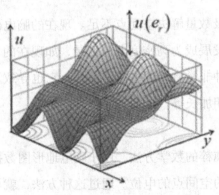

图 11.7　脑地形图构型独立特性

头皮电压值构成了一个曲面，所有电极记录的电压是头皮电压和参考电极电压相减之差。相当于把整个头皮电压曲面向上或向下平移 $u(e_i)$ 个单位。平移并不改变曲面空间分布的形状。

由此，我们可以得出结论，无论选择什么样的电极或者电极之间如何发生变换，脑电的地形图都会保持基本构型不变，与电极选择没有任何关系。

（2）神经生理机制可信

脑电地形图的生物物理学原理表明：脑电地形图的构型改变，意味着脑内神经源（偶极子）的活动改变。必须说明的是，相反并不一定成立，即神经"源"活动的改变，并不一定意味着脑电地形图构型改变。

这条物理学原理，给我们提供了研究脑活动的一个基本判据：地形图改变，意味着脑中神经偶极子的源的活动发生改变。监测、检测不同实验条件下，脑电地形图的差异性，也就成为利用脑电地形图一个重要思路[9]。

（3）统计效力可信

一般情况下，我们采用高密度电极获取脑电地形图。因此，脑电地形图记录了大量的脑电活动信息，也就是说测量矢量 $\overrightarrow{E_m(t)}$ 的数据数量巨大。因此，在采用多变量统计，比较不同实验条件下的地形图差异时，充分保证了多元统计方法的内在要求，统计效力也就可信[10]。

（4）溯源先期估计

根据脑电地形图的生物物理学原理，脑电地形图是由于脑皮层偶极子活动改变引起的。因此，研究者可以根据实验设计、神经功能等知识经验，初步推测、估计神经偶极子发生的位置，这种估计具有很高的可信度和精确度，在脑电成像科学中应用广泛[8]。

11.2.4 脑电地形图参量

对构成脑电地形图的电场进行分析，经常采用的参量包括：全场功效（GFP参量）和全场相异性（DISS参量）。

（1）全场功效

① GFP 参量定义

任意给定时刻记为 t，在该时刻任意一个电极 i 上记录的电压记为 $u(t)_i$。那么，所有电极相加，并求平均值，则可以得到总平均电压：

$$\overline{u(t)_r} = \sum_{i=1}^{n}\frac{1}{n}u(t)_i \qquad\qquad (11\text{-}3)$$

式中，n 为记录电极总数量。用这个电压作为参考电压，也就是平均电极参考（见前面记录原理部分）。

把脑电电压看作关于空间的随机变量，那么，在 t 时刻，它的标准差也就可以表示为：

$$\sigma(t)_u = \sqrt{\frac{1}{n}\sum_{i=1}^{n}(u(t)_i - \overline{u(t)_r})^2} \qquad\qquad (11\text{-}4)$$

把这个标准差定义为全场功效，用 GFP（Global Field Power）表示[11]。如图 11.8 所示，我们可以看出它的统计学意义。在三维空间下，所有电极记录的电压的平均值对应一个参考的平面。所有头皮记录电压值到该平面距离会发生变化，并有正负之分。因此，GFP 表示的所有头皮电压到参考平面的平均偏离程度。显然，这是在 t 时刻的一个平均性偏离程度。

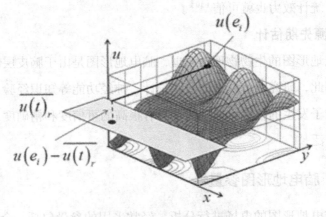

图 11.8 全场功效含义

全场电压的平均值对应着一个平面，GFP 是所有电压到该参照面的标准差，也就是平均偏离程度。

② GFP 参量含义

由于采取了总体平均参考,标准差表示了电压相对参考位置的平均偏离幅度。这个量也就被理解为刻画脑电活动强度大小的物理量。也就是说,标准差越大,平均活动的强度也就越大;反之,则越小。

由于标注差是一个平均性的结果,所以 GFP 只是在总体水平反映脑电活动的强度。并不能区分电极之间的差异性,这是 GFP 指标的缺陷。

③ 地形图一致性检验

通过统计的方法,我们还可以在一张地形图上,检测那些特异性的事件,这种方法,称为地形图一致性检测方法。其检测的基本方法是:从统计学上而言,每次的测量对平均值都有贡献。但是,每次测量的测量值与平均值之间的差异(或者离差)是不同的。通过统计学的差异性检验,就可以确定哪些与平均值不同的事件。

(2)全场相异性

在脑电地形图中,我们往往期望比较脑电地形图之间的差异,或者说是比较电场之间的差异。包含两种情况:①给定同一个时刻 t,比较两种实验条件下的脑电地形图差异;②给定一个实验条件,比较 t_1 和 t_2 不同时刻的脑电地形图之间的差异。这种比较,其目的就是讨论在两种情况下,实验数据的关联程度或者差异程度。

① 全场相异性定义

任意给定两个脑电地形图(脑电构型),分别记为 u 和 v。这两个脑电构型对应的时刻记为 t_1 和 t_2,实验条件记为 C_1 和 C_2。则任意一个电极 i 对应电压可以分别记为: $u(t_1, C_1)$ 和 $u(t_2, C_2)$;则全场相异定义为[11]:

$$DISS = \sqrt{\frac{1}{n}\sum_{i=1}^{n}\left(\frac{u(t_1, C_1) - \overline{u(t_1, C_1)}}{GFP(t_1, C_1)_r} - \frac{u(t_2, C_2) - \overline{u(t_2, C_2)}}{GFP(t_2, C_2)_r}\right)^2} \quad (11-5)$$

式中, n 是电极的数量。根据数学关系,可以推证:

$$DISS = \sqrt{2(1-r)} \quad (11-6)$$

式中，r 为空间相关系数，其表达式为：

$$r = \frac{\sum_{r}^{n} [u(t_1, C_1) - \overline{u(t_1, C_1)}_r][u(t_2, C_2) - \overline{u(t_2, C_2)}_r]}{\|E(t_1, C_1)\| \|E(t_2, C_2)\|} \tag{11-7}$$

其中：

$E(t_1, C_1) = (u(t_1, C_1)_1 - \overline{u(t_1, C_1)}_r \cdots u(t_1, C_1)_i - \overline{u(t_1, C_1)}_r \cdots u(t_1, C_1)_n - \overline{u(t_1, C_1)}_r)$

$E(t_2, C_2) = (u(t_2, C_2)_1 - \overline{u(t_2, C_2)}_r \cdots u(t_2, C_2)_i - \overline{u(t_2, C_2)}_r \cdots u(t_2, C_2)_n - \overline{u(t_2, C_2)}_r)$

且 $\overline{u(t_1, C_1)}_r$ 和 $\overline{u(t_2, C_2)}_r$ 分别是第一个脑电地形图和第二个脑电地形图所有电极记录电压的平均值。

由于相关系数的取值范围是：$-1 \leq r \leq 1$，带入 DISS 的表达式，可以知道，全场相异性范围是：

$$0 \leq \text{DISS} \leq 2 \tag{11-8}$$

当相关系数为 1 时，表示两个脑电地形图空间构型完全相同。这时全场差异为 0。当相关系数为 -1 时，两个脑电地形图完全对称，这时差异量达到最大 2。

除了考察两个空间地形图之间的差异之外，还可以利用两个地形图之间的相关系数，来衡量两个地形图之间的相似程度。

② 全场相异性含义

全场相异性计算的核心是：把两个脑电地形图的空间坐标，首先标准化。即把空间中任意一点的脑电转化为它的标准分。然后把两个脑电地形图直接相减得到两个脑电地形图的差异。最后用这个差异的标准差来表示整个空间的平均性差异，这就是全场相异的本质。

知识链接

全场相异性本质证明

全场相异性，是建立在统计学关系上的一种描述。如果把脑电构型的电压作为随机变量，在时刻记为 t_1 和 t_2，实验条件记为 C_1 和 C_2 下。这两个脑电头皮电

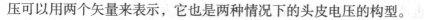

压可以用两个矢量来表示，它也是两种情况下的头皮电压的构型。

$$(u(t_1, C_1)_1 \cdots u(t_1, C_1)_i \cdots u(t_1, C_1)_n) \qquad (11-9)$$

$$(u(t_2, C_2)_1 \cdots u(t_2, C_2)_i \cdots u(t_2, C_2)_n)$$

如果采用平均电极作为参考，两种条件的平均值记为：$\overline{u(t_1, C_1)}_r$ 和 $\overline{u(t_2, C_2)}_r$。把上述两种情况下的每个电极记录的电压值作为一个随机变量，则存在一个随机的电压分布。两种情况下的标准差（全场功效）分别记为：$GEP(t_1, C_1)$ 和 $GEP(t_2, C_2)$。把每个电极进行标准化，都转化为标准分来表示，分别是 $z(t_1, C_1)$ 和 $z(t_2, C_2)$，则两种情况下的标准分为：

$$z(t_1, C_1) = \frac{u(t_1, C_1) - \overline{u(t_1, C_1)}_r}{GEP(t_1, C_1)}$$

$$z(t_2, C_2) = \frac{u(t_2, C_2) - \overline{u(t_2, C_2)}_r}{GEP(t_2, C_2)} \qquad (11-10)$$

因此，两种情况下，电压的构型采取统一标准进行表示：

$$(z(t_1, C_1)_1 \cdots z(t_1, C_1)_i \cdots z(t_1, C_1)_n) \qquad (11-11)$$

$$(z(t_2, C_2)_1 \cdots z(t_2, C_2)_i \cdots z(t_2, C_2)_n)$$

那么，两种情况下，构型的差异就是两种构型对应空间位置上记录的电极电压的标准分相减，则可以得到头皮上任意一个点的空间差异为：

$$z(t_1, C_1)_i - z(t_2, C_2)_i \qquad (11-12)$$

显然，这个量也是和空间有关系的一个随机变量。它反映了两个脑电地形图的空间差异性。我们用这个差量的标准差，来表示平均差异程度。因为两种情况下，都满足标准正态分布，所以标准差都为 1。两者相减的标准差为（见双样本差异性检验）：

$$\sigma = \sqrt{\sigma_1^2 - \sigma_2^2 - 2r\sigma_1\sigma_2} \qquad (11-13)$$

其中 σ_1 表示第一种情况的标注差，σ_2 表示第二种情况下的标准差。因此，则上式可以化为：

$$\sigma = \sqrt{2(1-r)} \qquad (11-14)$$

同样，也可以用两个随机量相减的原始表达式来表示：

$$\sigma = \sqrt{\frac{1}{n}\sum_{i=1}^{n}[z\,(t_1,\ C_1)\,_i - z\,(t_2,\ C_2)\,_i - \mu]^2} \qquad (11\text{-}15)$$

其中，μ 为随机量 $z\,(t_1,\ C_1)\,_i - z\,(t_2,\ C_2)\,_i$ 的平均值，则根据统计学，为 $\mu = 0$。式（11-5）可以简化为：

$$\sigma = \sqrt{\frac{1}{n}\sum_{i=1}^{n}[z\,(t_1,\ C_1)\,_i - z\,(t_2,\ C_2)\,_i]^2} \qquad (11\text{-}16)$$

这个表达式，就是前面的 *DISS* 表达式。

11.3　空间连接性分析

讨论脑电空间上的连接性，是脑电研究中的重要方面，它的目的是通过脑电信号之间的关联性，获取脑的功能性上的关联。并通过功能的关联，理解不同脑区之间的相互作用关系。这些关键性参数包括脑电的互相关、相同步和相干问题。本节，将通过这些参数的最基本定义，分析它的数理根源，进而表述它在脑电科学中所蕴含的意义。

11.3.1　脑电互相关与相同步

（1）互相关

在神经科学中，互相关函数（Cross-Correlation Function），是用来测量信号之间的依存关系的量。假设存在两列变量：$x(n)$ 和 $y(n)$。互相关函数定义为：

$$C_{xy} = \frac{1}{N-\tau}\sum_{i=1}^{N-\tau}\left(\frac{x_i - \bar{x}}{\sigma_x}\right)\left(\frac{y_{i+\tau} - \bar{y}}{\sigma_y}\right) \qquad (11\text{-}17)$$

这个函数式，本质上仍然是相关系数表达式，其中 τ 为延迟时间。当存在两列实验数据，实验的个数为 N 个。当把其中的一列数据，向后延迟 τ 后，两者具有关联性，这种情况下，剩余的实验数据个数就是 $N-\tau$，因此，两列实验数据之间的相关，也就是互相关。

互相关的解释：互相关并不意味着信号之间具有驱动关系。延迟，可能是由于第三方原因，也可能是内部原因导致的信号延迟。

知识链接

互相关数理本质——相关系数

互相关的基本设计思想，通过相关系数，来衡量两列变量由于时间延迟造成的关联性问题，如图 11.9 所示。

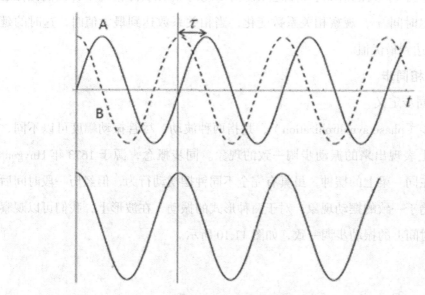

图 11.9　互相关本质

两列实验数据，把其中的一列数据向后移动时间后，两列波就会重合起来。这时，如果计算两列实验数据的相关系数，就会为 1，这个系数就是互相关系数。在实际中计算的相关系数，要小于这个值。互相关系数的本质就是相关系数。

考虑两列最理想的信号：波幅度相同的两列信号——A 和 B 信号。两列波的初位相并不相同。导致两列波并不同步，也就是说并不能完全重合。这种位相的不同是由于引起振动的动力源的时间不同步造成的。它们时间上的差异用 τ 来表示。也就是说，把其中的一列信号向前移动时间 τ，两列波就会重合起来（这里移动的是波动 A 信号）。

如果用 $x(n)$ 和 $y(n)$ 表示两列信号，从统计学上来讲，这是两列实验数据。设定时间 τ 后，其中一列实验数据由于移动了时间 τ，实验数据的始点也就发生了变化，变为 $y(\tau)$。这时，两列数据的相关系数为：

$$C_{xy}=\frac{1}{N-\tau}\sum_{i=1}^{N-\tau}\left(\frac{(x_i-\bar{x})}{\sigma_x}\right)\left(\frac{(y_{i+\tau}-\bar{y})}{\sigma_y}\right)\qquad(11\text{-}18)$$

只有当两列波动波幅数据完全相同，且移动时间 τ 后，两列波完全重合，相关系数才为 1。其他情况下，都会比这个系数小。在实际情况中，我们往往通过改变延迟时间 τ，观察相关系数变化，当相关系数达到最大值时，这时的延迟时间 τ 达到最优值。

（1）相同步

① 相同步定义

相同步（phase synchronization），是指两种波动，尽管振动幅度可以不同，但在时间上表现出来的振动步调一致的现象。同步概念，源于 1673 年 Huygens 发现悬挂在同一梁上的摆钟，虽具有完全不同钟摆摆动行为，但经历一段时间后却出现了趋于一致的摆动现象。对于两种形式的振动，在波形上，我们可以观察到它们在时间上的振动步调一致，如图 11.10 所示。

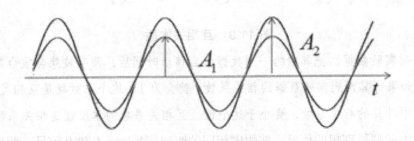

图 11.10　相同步现象

两个振动幅度不同，初相位相同、振动频率相同的两列波，在时间上表现为运动步调一致的现象，即振动的同步现象。

如果采用互相关算法，相同步可以理解为互相关中的一类特殊现象，即延迟时间近似为 0 的一种互相关现象。这时计算的相关系数是最大的。

知识链接

钟摆同步本质

把两个单摆放置在同一个杆上面，让两个钟摆以不同摆角先后发生振动。这是两种形式的波动，如果两种振动之间是独立的，或者说它们之间不存在相互作用，那么两个单摆将按各自的振动形式摆动。

但是，一旦把两个单摆经过同一个杆相互连接，它们之间就存在了相互作用。由于这种相互作用的存在，尽管它们的振动幅度不同，但是它们的振动步调开始趋于同步。同时到达最大幅度和最低点。这种现象，就是同步现象，也称为相同步现象。

钟摆相同步现象的本质是：由于振动之间的弱相互作用，导致两个系统之间达到了一种平衡，这种平衡在波动振动中表现为时间上的步调一致，如图 11.11 所示。

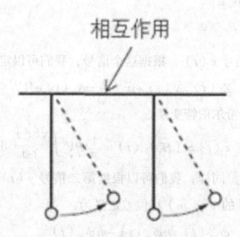

图 11.11　钟摆同步现象

把两个单摆悬挂在同一个杠杆上，以不同摆动幅度、不同时刻释放。通过连接杆的相互作用，经过一段时间后，在振动上表现为步调一致。

② 脑电相同步本质

同步现象的本质是，两种形式的振动，通过相互之间的弱相互作用，实现了振动步调的一致。一旦我们辨识到两列信号之间存在着相同步现象，就要提出它们之间是否具有弱相互作用的可能性。这种现象，同样存在于生物系统中。

在脑成像研究中，科学界关注的问题是：不同的脑区之间是如何通信的。如果把这种通信理解为脑区之间的"相互作用"，就有可能观察到脑电活动的同步性。因此，在脑电研究中，脑电波形的相同步现象，是脑电空间分布研究中，普遍关注的问题。

③ 同步性研究意义

对同步性问题进行研究，包含 3 个层面的意义：

a 同步性是反映脑区之间的功能性连接，而不是生理性连接，因此，用这个指标评估的是不同脑区之间的功能性连接；

b 同步性评估可以用于区分正常者和非正常者之间的脑活动差异，并用于临床诊断[12]；

c 只有同步性的本质是：不同脑区之间的相互作用，因此可以用于揭示脑区之间的相互作用关系[13, 14]。

④ 相同步计算

假设有一个连续信号 $x(t)$，根据这个信号，我们可以定义一个分析信号：

$$Z_x(t) = x(t) + j\bar{x}(t) = A_x(t)e^{\phi i(t)} \tag{11-19}$$

$\bar{x}(t)$ 是 $x(t)$ 的希尔伯特变换：

$$\bar{x}(t) = (H_x)(t) = \frac{1}{\pi} PV \int_{-\infty}^{+\infty} \frac{x(t')}{t-t} dt' \tag{11-20}$$

PV 是指柯西主值。同样，我们可以根据第二信号 $y(t)$ 来定义 A_y 和 ϕ_y。然后就可以将分析信号的 (n, m) 相位差定义为：

$$\phi_{xy}(t) = n\phi_x(t) - m\phi_y(t) \tag{11-21}$$

n, m 是整数。如果 (n, m) 相位差对于所有的 t 值都保持有界的，我们就说 x 和 y 以 $m:n$ 的比例同步。在大多数情况下，只考虑 $(1:1)$ 相位同步。相同步指数定义如下：

$$\gamma = |<e^{\phi i(t)}>_t| = \sqrt{<\cos\phi_{xy}(t)>_t^2 + <\sin\phi_{xy}(t)>_t^2} \tag{11-22}$$

尖括号表示平均水平。如果相位不同步，相同步指数将为 0；如果相位差恒定，相同步指数为 1。应当注意到，对于完全一致的相位同步，相位差不一定为 0，因为一个信号的相位可能超前或落后于另一个信号的相位。或者，一个相位同步测量可以定义为相位差 $\phi_{xy}(t)$ 分布的香农熵或者 $\phi_x(t)$ 和 $\phi_y(t)$ 的条件概率。

相位同步的一个有趣的特征是它参数自由。然而，它取决于相位的准确估计。尤其是为了避免错误的结果，宽带信号在计算相位同步之前应该在感兴趣的频段进行带通滤波。

也可以从信号的小波变换来定义相同步指数。在这种情况下，通过对每个信号 Morlet 小波函数进行卷积。它与通过希尔伯特变换得到的估计值的差异在于它需要选定一个中心频率及一个小波函数的宽度，因此，这种方法对相同步的某个频带比较敏感。有趣的是，无论是用希尔伯特变换定义相同步还是用小波函数转换定义，这两种方法在本质上是相关的。

11.3.2 脑电相干与相同步

互相关分析方法，在不考虑任何变换的情况下，直接对两列脑电信号进行关联关系分析。而在实际情况下，任何一个电极记录的脑电都是各种频率振动的合成。因此，把脑电进行分解后，再考虑脑电之间的关联性，也就成为另外一种新的思路，相干就是这种方法。

（1）傅里叶复数表达

通过傅里叶变换，脑电可以被分解为很多种波动相叠加的形式。任意给定两个通道的脑电记录信号，通过傅里叶分解后，就可以得到单一频率的波。我们把某种波动统一展开为正弦形式或者余弦形式（这里采用余弦），记为：

$$\sum_{i=1}^{n} A_k \cos(\omega_i t + \phi_i) \tag{11-23}$$

式中，n 表示分解的波的成分的数量。ω_1 表示振动的圆频率，ϕ_1 表示初位相，t 表示时间，A_k 表示第 k 个波动的振幅。

通常，为了方便计算，上述的形式往往被改造为以下形式：

$$\sum_{k=1}^{n} [A_k \cos(\omega_i t + \phi_i) + iA_k \sin(\omega_i t + \phi_k)] \tag{11-24}$$

式中，i 表示复数的虚部。那么傅里叶变换得到的波的成分，实际上就对应着上述的实部，根据欧拉公式：

$$e^{tx}=\cos x+i\sin x \qquad (11-25)$$

上式可以进一步改写为：

$$\sum_{k=1}^{n} A_k e^{i(\omega kt+\phi k)} \qquad (11-26)$$

这个也是傅里叶变换的复数表达形式。每个成分是 $A_k e^{i(\omega kt+\phi k)}$。

（2）脑电相干分析

通过傅里叶分析方法，每个脑电的波动，都可以用傅里叶的复数形式来表达。也就是说，任何一个记录通道内的脑电数据，都可以通过傅里叶变换转换为单一波频的形式，如图 11.12 所示。

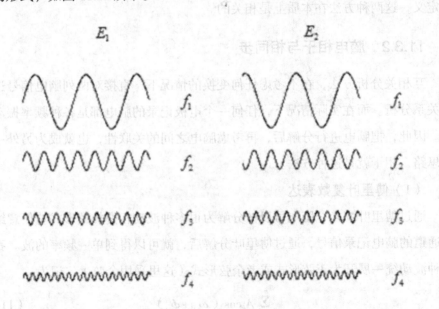

图 11.12 相干计算本质

把两个电极和记录的脑电，进行傅里叶变换，转换为单一成分的波。把相同频率的波进行相关计算就是相干。

如果我们要讨论两列不同电极上（或者说头皮位置）信号的关联关系，就转化为讨论两列相同频率波之间的关系问题。

假设存在两个电极 E_1 和 E_2。把两个电极记录的脑电进行傅里叶分解，成为单一频率的成分。取两个相同频率的波动数据，它们的圆频率记为 ω。两种情况下，该频率对应的傅里叶变换的复数形式分别记为：$F(\omega)_1$ 和 $F(\omega)_2$。显然，这是两列和时间有关系的实验波动数据。我们可以通过相关系数，研究两者之间的关联，这个系数记为：$cof(\omega)$

$$cof(\omega) = \frac{\sum\limits_{i=1}^{N} |F(\omega)_1 \cdot F^*(\omega)_2|^2}{\sum |F(\omega)_1|^2 \sum |F(\omega)_2|^2} \qquad (11\text{--}27)$$

它的本质含义是相关系数的平方形式。相当于把两列变量做相关后，然后计算平方项。在数学上，称为互功率谱密度和自功率谱密度。由于相关系数的取值范围为 –1~1。因此，相干系数的取值范围为 0~1。

在实际应用中，我们往往用横坐标表示频率，纵坐标表示相干系数。在这种情况下做出来的图，称为相关频谱图。它可以清晰显示不同频率波之间的关联关系，如图 11.13 所示。

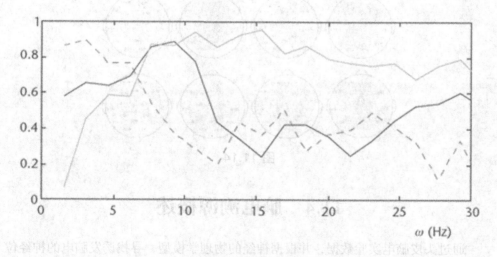

图 11.13　相干谱[1]

横坐标表示频率，纵坐标表示相干系数，把不同频率的相干系数呈现出来得到的图，称为相干谱。（采自 Shanbao Tong, Quantitative EEG Analysis Methods and Clinical Applications, p115）

（3）脑电相干含义

上述的推导表明，相关系数和互相关系数的本质是相同的，即都通过两列波时间的相关关系，来研究两者之间的关联性。因此，把这种方法应用的脑电研究中，它的研究意义也就自然清晰起来，通过相干来分析脑区之间的相互作用关系。由于相关方法，采取了分解脑波的方法，去掉了其他波动成分对相关计算的影响，因此，计算出来的相关系数，比互相关方法计算出来的相关系数要大，如图 11.14 所示。

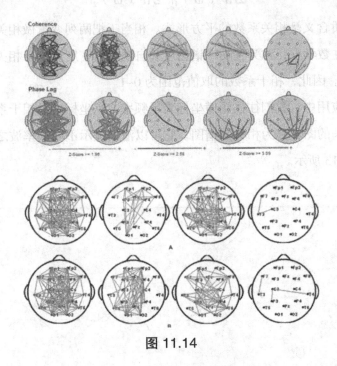

图 11.14

11.4　脑电溯源概述

通过头皮脑电实验数据，并根据神经的物理学模型，寻找诱发脑电的神经位置，就构成了脑电神经溯源问题，脑电溯源问题是脑电成像中的基本问题。由于不同的神经网络之间要保持其基本的功能，因此就要产生兴奋、抑制或者前馈、反馈信号。锁定了这些信号及其位置，对我们了解神经网络之间的调节功能，具有重要的意义[15, 16]。脑电溯源的最基本原理涉及物理学、神经生理学、计算机成像学等多个学科，这为理解和使用带来了困难。本节，将从一般性的数理思路出发，讨论脑电溯源的基本原理。

11.4.1　脑电溯源原因

对脑电进行溯源，寻找神经网络中，神经的发生源，具有多方面的原因，概括起来包括以下几个原因。

（1）地形图的局限性

在脑电研究中，一个不争事实是：脑电地形图的不断变化，一定是大脑中神经发生"源"的改变或者分布的改变造成的。这是使用脑电地形图指标作为实验度量的基本原因之一。

但是，脑电地形图的使用，也有自己的缺陷：脑电地形图记录的实验数据，直接反映的是头皮脑电发生的变化，除了知道脑的加工发生变化之外，并没有提供我们可以推测脑神经网络位置的信息，或者了解脑神经网络工作方式的信息。

（2）神经功能研究需要

脑功能是建立在脑神经功能基础上的。而神经网络工作的信号就其功能分为：兴奋性信号和抑制性信号。在网络系统中承担的控制功能分为：前馈信号、认知信号和反馈信号。因此，锁定了这些信号的特征和位置也就可以在大尺度网络层次上解释神经网络之间的功能，并解释脑区的功能及其功能连接。

11.4.2　脑电反向解问题

（1）反向解定义

反向解问题是一类普适性问题，是指对一个未知黑箱，通过黑箱外部记录的实验数据，来推测黑箱系统的内部参数。在整个自然科学中，这是具有普适意义的问题。

把脑看成一个黑箱，我们记录的脑电是黑箱输出的数据。根据脑电实验数据，对脑电产生的神经发生源进行定位，就构成了脑电溯源的反向解问题。

（2）脑电溯源反向解特征

根据脑电的实验数据，推测脑电产生的神经发生源，具有以下两个特点。

① 解的非唯一性

在脑成像中，对于同样一个脑电地形分布的构型，会有无限多种神经发生源及其组合与该构型相对应。用数学的语言来表述，就是：根据测量的脑电数据，计算脑电的神经发生位置时，会有无限多个解与之相对应，即得到的数学解不是唯一的。早在1853年，Helmholtz就证明了根据电磁场进行反推发生源中暴露的这个问题[17]。

② 解变动特征

脑电头皮记录电极中，电压发生的微小波动变化，会导致达到的溯源点发生巨大的变化。也就是说我们根据脑电得到的解，发生了显著性变化。

（3）脑电溯源约束条件

根据脑电实验数据直接进行溯源，它的数理解并非唯一的。而在现实情况下，我们可以根据实验设定的条件，通过不同的模型，解决反向解不可求解的问题。这些假设和条件，就构成了反向解中的约束条件（constraints）。这些方法，有的已经内化在求解过程的算法中。

这些约束条件主要分为两类：数理约束条件和生理约束条件。数理约束一般是通过设定脑电产生的偶极子在状态（后续在计算模型中介绍）、算法等来限制反向解的求解。生理约束条件是解出的解必须满足解剖学和生理学要求。

11.4.3　脑电偶极子溯源模型

脑电偶极子溯源方法，是脑电溯源中重要的方法之一。它的核心思想是根据物理学的偶极子模型，计算出电流偶极子在头皮上产生的电动势大小，并和实际测量的结果进行比对。这种方法从本质上来讲是一种预测方法，即设定偶极子的各种参数，通过参数的修改达到理论计算和实际试验结果相符合的目的。因此，这种方法也称为参数方法（parametric model）。

（1）物理偶极子模型

在第4章中，把突触后电位的产生，等效为偶极子电位，并用 $q\vec{l}$ 表示偶极子，这个量也称为偶极矩，记为 $\vec{p}$。根据物理学，单个偶极子，把偶极子的中心作为零点，则它在空间中任意一点（记为 $\vec{R}$）产生的电位为：

$$\phi\left(\vec{R}\right)=-\vec{p}\,\nabla\frac{1}{4\pi\,\varepsilon\,R} \tag{11-28}$$

式中，R 为空间任意一点 $\vec{R}$ 对应的矢量长度，ε 为介质常数。也就是给定点到偶极子中心的距离。该式表明，偶极子在空间产生电位的大小和空间介质、偶极矩大小、空间位置有关，如图 11.15 所示。

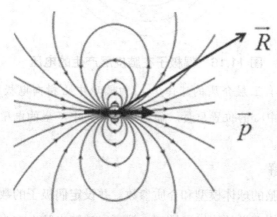

图 11.15 偶极子在空间产生的电场

空间中任意给定一点，从偶极子中心到该点的矢量为 $\vec{R}$，偶极矩为 $\vec{p}$，偶极矩在空间产生的电场可以表示为 $\phi\left(\vec{R}\right)$。

（2）脑电偶极子模型

从物理学角度出发，人的头由不同介质来构成。在此，我们采用人头的三层介质模型，并采用球形人头模型，以圆球中心作为零点，如图 11.6 所示。人脑中，任意给定一个神经偶极子，在头皮记录电极上产生的电动势记为 g_i，则该电动势是 U 电极位置、偶极子位置和偶极矩的函数，记为：

$$U=g\left(\vec{r_1},\ \vec{r_{dip}},\ \vec{p}\right)_i \tag{11-29}$$

式中，$\vec{r_1}$ 为电极的位置，$\vec{r_{dip}}$ 偶极子的位置。而在人脑中，如果存在多个偶极子，那么，根据物理学电压叠加原理，多个偶极子在电极上产生的电动势满足：

$$U=\sum_{i=1}^{N} g\left(\vec{r_1},\ \vec{r_{dip}},\ \vec{p}\right)_i \tag{11-30}$$

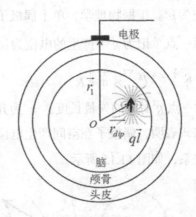

图 11.16　偶极子在脑皮层产生的电压

把人头看成具有三层介质的球体。$\vec{r_1}$ 为圆球中心指向电极的位置矢量，$\vec{r_{dip}}$ 为球心指向偶极子中心的位置质量。偶极子是空间中产生的电压为位置矢量$\vec{r_1}$、$\vec{r_{dip}}$和偶极矩的函数。

（3）前向求解

一旦我们有了脑的球体模型和介质参数，并设定偶极子的数量、位置和大小等参数，根据上述物理学的偶极子模型，就可以计算出脑电在头皮上的分布。如果这种分布和实验测量结果相符合，那么设定的条件就具有合理性，并可能是实验结果的一种可能解，这种方法，称为前向求解方法（forward solution）。

前向解的本质是：根据已具有的理论，预测可能发生的实验现象或者结果。因此，从解决问题的方向上来看，它和反向解解决问题方式完全相反。它们之间的这种差异，如图 11.17 所示。

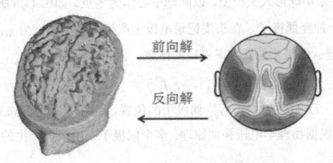

图 11.17　脑电前向解和反向解问题比较

依据物理学偶极子模型，设定偶极子参量，计算出脑电的头皮分布，并和实际结果相比较，直至找到和实际相匹配的结果，这种方法，称为前向解方法。而反向解则根据头皮脑电分布，推测脑电产生的源，这种方法，称为反向解方法。

（4）最小二乘法溯源估计

采用前向解方法，通过偶极子模型[18]，计算出来的头皮电动势分布，需要和实际测量的脑电进行对比，评估和实际符合的程度。

通常情况下，设头皮空间的任意一点，实际测量和理论测量的值为：u_0 和 u_e。它们两者之间的差异记为：

$$u_0-u_e \tag{11-31}$$

把这个值进行平方，并对所有实验数据点进行求和及求平均，就可以得到一个差　方：

$$\frac{\sum (u_0-u_e)^2}{n} \tag{11-32}$$

式中，n 表示模拟点的个数。这个值的含义是两幅图的平均性差异。在实际运用中，同一幅测得的脑电位图，可能存在着多种解的可能性，利用物理偶极子模型，计算出所有可能解对应的脑电位图。计算所有理论电位图和测量电位图的差方，取差方最小值对应的偶极子的解，作为溯源定位的最优解。因此，这种方法也称为最小二乘溯源估计方法（least-squaresource estimation）[9]。

（5）偶极子与多偶极子使用

采用偶极子模型，进行溯源分析时，有两种方式：单偶极子模型和多偶极子模型。使用这些模型，需要和脑的生理结构结合起来，如图 11.18 所示。

在人脑的低级阶段，信息大量并行加工。即使同样一个信息通道内，也存在这种情况。视觉通道并行存在大细胞通路和小细胞通路。且这些通路又分解为各自并行的功能单元，即视觉上通常说的拓扑结构，保证把视觉图片信息呈现出来。并行时，它们的功能是相同的，表达视觉空间信号信息，这时在低级阶段，我们采用单偶极子模型是合适的。

在中高级阶段，神经功能区分化，脑的加工区域存在并行激活，这时若简化为单偶极子模型，往往存在着问题。因此，就需要使用多偶极子模型。

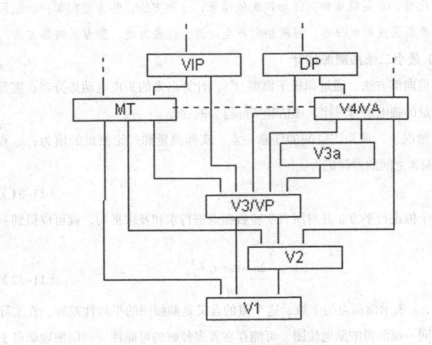

图 11.18　脑功能结构

在人脑低级阶段，同一通道内大量神经并行，到高级阶段，则存在功能区并行激活。

11.4.4　分布模型

（1）分布模型思想

偶极子模型计算需要设定偶极子数量及分布，与这种思想不同，分布计算模型则试图通过大脑表面的电活动，通过重建，找到电流源，如图 11.19 所示，其基本思想是[8]：首先把大脑分解成很多小格（或者小的单元），把任意小格看作头的一个点，记为 P。则每个 P 点具有自己的电动势，根据这个电动势，计算出 P 点的所有可能电流源的解。然后，通过对所有头皮点的实验数据重建，排出不可能的解，就得到可能的电流源点。

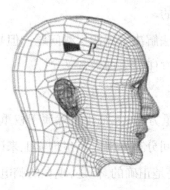
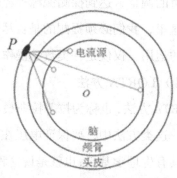

图 11.19　分布模型思想

把头分成小格，每个小格看成一个点，记为 P。根据 P 点的电动势，计算出脑所有可能的电流源的解。然后通过重建方法，排除掉不可能的解。

从这个模型设计思想中，我们可以看出与偶极子方法的不同。它没有预先设定偶极子的位置，而是根据数据，反推出所有的可能性，这属于反向解方法。因此，需要增加额外假设和条件来得到最佳解，即通过各种约束，排除无关解。为了解决这个问题，在脑电研究中提出了各种约束方法：最小范数、最小权重范数、拉普拉斯最小权重范数等。

（2）最小范数方法

最小范数方法（Minimum Norm）是分布模型处理中的基本方法之一，于1984 年由 Hämäläinen 等提出[19]。其基本假设是：驱动人脑流动的电流，是一个三维空间的分布。整体来讲，所有分布的电流密度，应该达到最小值。通过这个条件 Hämäläinen 得到了与脑电地形图相对应的唯一解，神经溯源的位置被确定。

最小范数假设的本质是：为反向解设定了一个约束条件，通过这个约束条件，得到了溯源解。最小范数方法，对求解浅源信号是有效的。从生理意义上来讲，脑皮层中不仅包含靠近头皮的"浅源"的信号，还包含远离皮层的"深源"信号。因此，最小范数方法就表现出了局限性，必须寻找新的方法，解决这个问题[8]。

（3）最小范数权重方法

最小范数权重方法是为了解决探测深源信号不足基础上提出的，计算方法有多种[20~24]。这类方法的基本思想是：在最小范数计算过程中，调整可能存在的权重，通过权重的调整，达到探测深源神经信号的目的。

在这里，我们必须提醒的是：尽管这类方法解决了深源探测问题。但是，权重方法的运用，仅仅是一类数学操作，并不具有任何生理学意义[8]。

（4）LORTA 方法

LORTA 方法，也称为拉普拉斯最小范数权重方法，本质上仍然属于权重方法。只不过，这类方法中，要保证电压在头皮的空间分布平滑。从生理学上来讲，这种方法具有生理学基础，也就是说这种方法前提是正确的。但是，现在的脑电记录，由于受到电极数量限制，空间分辨率较低，因此，在很多情况下，计算的结果可能并不能尽如人意。这类方法，被内化在一些脑电溯源定位软件 LORTA 中[25]。

（5）LAURA 方法

根据物理学定律，任何一个电流源在空间产生的电场强度距离的二次方成反比。即空间中的任意一点到电流的源点的距离为 γ，那么，在这一点产生的电场强度满足以下关系：

$$E \propto \frac{1}{r^2} \tag{11-33}$$

即电场强度会随距离而迅速衰减。而上述最小范式约束及其修正约束中，都没有考虑到该物理定律的约束。为了解决这个问题，Grave 等提出了 LAURA 方法[26, 27]，整合这个条件对反向解的限制。这种方法结束了仅仅根据实验数据进行推理的限制，把物理学定理整合了进来。

此外，还有某些特殊领域使用的方法，如癫痫探测 EPIFOCUS，以及现在整合的 ICA-LOREA 方法等，在此不再赘述。

参考文献

[1] Tong, S. and Thakor, N.V. Quantitative EEG analysis methods and clinical applications [J]. Artech House, 2009, 115.

[2] Salmelin, R. and Baillet, S. Electromagnetic brain imaging [J]. Human brain mapping, 2009, 30（6）: 1753-1757.

[3] Williamson, S.J., et al. Advantages and limitations of magnetic source imaging [J]. Brain topography, 1991, 4 (2) : 169–180.

[4] Wong, P.K. Selected Normative Data, in Introduction to Brain Topography [M]. Springer, 1991:185–199.

[5] Sanei, S. and Chambers, J.A. EEG signal processing. 2013: John Wiley & Sons. 8.

[6] Vaughan, H.G. THE NEURAL ORIGINS OF HUMAN EVENT - RELATED POTENTIALS [J]. Annals of the New York Academy of Sciences, 1982, 388 (1) : 125–138.

[7] Lehmann, D., H. Ozaki, and Pal, I. EEG alpha map series: brain micro-states by space–oriented adaptive segmentation [J]. Electroencephalography and clinical neurophysiology, 1987, 67 (3) : 271–288.

[8] Michel, C.M., et al. EEG source imaging [J]. Clinical neurophysiology, 2004, 115 (10) : 2195–2222.

[9] Michel, C.M. and Murray, M.M. Towards the utilization of EEG as a brain imaging tool [J]. Neuroimage, 2012, 61 (2) : 371–385.

[10] Murray, M.M., D. Brunet, and Michel, C.M. Topographic ERP analyses: a step–by–step tutorial review [J]. Brain topography, 2008, 20 (4) : 249–264.

[11] Lehmann, D. and Skrandies, W. Reference–free identification of components of checkerboard–evoked multichannel potential fields [J]. Electroencephalography and clinical neurophysiology, 1980, 48 (6) : 609–621.

[12] Niedermeyer, E. and da Silva, F.L. Electroencephalography: basic principles, clinical applications, and related fields [M]. Lippincott Williams & Wilkins, 2005.

[13] Engel, A.K. and Singer, W. Temporal binding and the neural correlates of sensory awareness [J]. Trends in cognitive sciences, 2001, 5 (1) : 16–25.

[14] Singer, W. and Gray, C.M. Visual feature integration and the temporal

correlation hypothesis [J]. Annual review of neuroscience, 1995, 18 (1):
555-586.

[15] Mesulam, M.-M. From sensation to cognition [J]. Brain, 1998, 121 (6):
1013-1052.

[16] Bullier, J. Integrated model of visual processing [J]. Brain Research
Reviews, 2001, 36 (2): 96-107.

[17] Helmholtz, H.v. Ueber einige Gesetze der Vertheilung elektrischer Sträme in
kärperlichen Leitern, mit Anwendung auf die thierisch - elektrischen Versuche
(Schluss.) [J]. Annalen der Physik, 1853, 165 (7): 353-377.

[18] Scherg, M. Fundamentals of dipole source potential analysis. Auditory evoked
magnetic fields and electric potentials [J]. Advances in audiology, 1990, 6:
40-69.

[19] Hämäläinen, M.S. and Ilmoniemi, R.J. Interpreting measured magnetic fields
of the brain: estimates of current distributions [M].Helsinki University of
Technology, Department of Technical Physics, 1984.

[20] Lawson, C.L. and Hanson, R.J. Solving least squares problems [M]. SIAM,
1974, 161.

[21] Greenblatt, R. Probabilistic reconstruction of multiple sources in the
bioelectromagnetic inverse problem [J]. Inverse problems, 1993, 9 (2):
271-284.

[22] Fuchs, M., H. Wischmann, and Wagner, M. Generalized minimum norm least
squares reconstruction algorithms [J]. ISBET newsletter, 1994, 5: 8-11.

[23] Gorodnitsky, I.F., J.S. George, and Rao, B.D. Neuromagnetic source
imaging with FOCUSS: A recursive weighted minimum norm algorithm [J].
Electroencephalography and clinical Neurophysiology, 1995, 95 (4): 231-
251.

[24] Peralta-Menendez, D., R. Grave, and Gonzalez-Andino, S.L. A critical

analysis of linear inverse solutions to the neuroelectromagnetic inverse problem ［J］. Biomedical Engineering, IEEE Transactions on, 1998, 45（4）: 440–448.

［25］Pascual-Marqui, R.D., C.M. Michel, and Lehmann, D. Low resolution electromagnetic tomography: a new method for localizing electrical activity in the brain ［J］. International Journal of psychophysiology, 1994, 18（1）: 49–65.

［26］de Peralta Menendez, R.G., et al. Noninvasive localization of electromagnetic epileptic activity. I. Method descriptions and simulations ［J］. Brain topography, 2001, 14（2）: 131–137.

［27］de Peralta Menendez, R.G., et al. Electrical neuroimaging based on biophysical constraints ［J］. Neuroimage, 2004, 21（2）: 527–539.

[26] de Peralta Menendez, R.G., et al. A linear inverse in distribution of electromagnetic
epileptic activity. I. Method description and simulations.[J], Brain
constants. [J], *NeuroImage*, 2004, 21 (2), 527-539.

第12章　眼动描述与特征量

眼动现象是行为现象，这种行为会诱发两类效应：电生理效应和行为效应。生理效应和眼动行为关联含义清楚。因此，利用这些效应构成了研究眼动现象的根本基础。

从眼睛运动现象中，提取我们需要的实验效应量或者特征量，是脑科学研究的基础。从现象出发，眼动现象的核心问题是眼运动学。眼动运动学专门描述眼球运动，即描述眼球的空间位置随时间演进而作的改变，完全不考虑眼球的作用力或眼球质量特性等对眼动运动的影响[1]。本章将根据眼动现象，从眼动特征、特性和功能出发，逐步建立眼动现象描述的方法学，并确立眼动现象研究的特征量。

12.1　眼球定轴转动

眼球存在一个旋转的中心，但是任意时刻的运动，却是物理的定轴转动。即存在一个通过旋转中心的旋转轴，围绕该轴发生旋转运动。定轴旋转运动，是眼球运动的基本形式。

12.1.1　李氏定律

从眼球正上方，通过眼球旋转的中心点，垂直向下做一个切面，称为李氏平面（Listing's plane）[2]。

当脑袋处于静止，且正对前方时，眼球从当前位置开始运动（也称为初始参考位置）旋转眼球到旋转终止，旋转轴通过圆心，且位于李氏平面内，如图 12.1 和图 12.2 所示，这个规则称为 Listing 定律[3]。

该定律表明：眼球所做的运动，并不是围绕旋转中心点的任意旋转运动（定点转动），而是围绕特定轴的定轴转动。

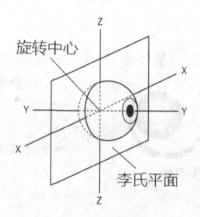

图 12.1　李氏平面

眼球总是围绕旋转中心做上、下、左、右运动。从眼球的正上方，垂直向下做一个通过旋转中心的平面，即为李氏平面。

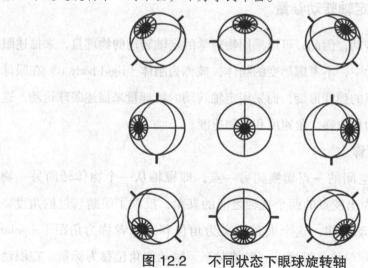

图 12.2　不同状态下眼球旋转轴

眼球的任意旋转动作都可以看成定轴转动,所有的旋转轴位于同一个平面内。

眼球的中心记为(x_0,y_0,z_0),注视的初始点记为(x_s,y_s,z_s),眼球从初始点移动到的预期位置记为(x_e,y_e,z_e)。眼球中心(x_0,y_0,z_0)、注视始点(x_s,y_s,z_s)、注视终点(x_e,y_e,z_e)三点确定一个平面,经过眼球中心并和该平面垂直的直线为旋转轴。李氏定律表明,初始参考点(旧固视点)和预期位置(新固视点)两个方向与旋转轴之间满足正交关系,如图12.3所示。

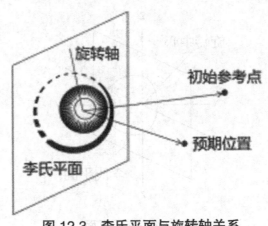

图 12.3　李氏平面与旋转轴关系

从眼球出发,初始参考点和预期位置两个方向与旋转轴之间成正比关系。

12.1.2　眼球定轴转动参量

眼球属于定轴转动,因此,可以采用物理学的定轴转动的物理量,来描述眼球的运动。在物理学中,不考虑形变的物体,被称为刚体(rigid body)。在眼球运动中,不考虑眼球的弹性形变,而采用定轴转动的物理量来描述眼球运动。这些物理量包括:眼动角位移、角速度和角加速度。

(1)眼动角位移

眼睛注视点从空间的一点切换到另一点,即视轴从一个物体转向另一物体。这时,以眼睛为出发点的两个视轴之间的夹角,反映了眼睛转过的角度,根据物理学定轴转动规律,这个夹角定义为角位移,或者称为角距(angular distance),它的国际单位是弧度。一般情况下,眼动的角位移为标量。在眼动科学中，眼动的角位移也被称为眼动幅度（Amplitude），如图 12.4 所示。

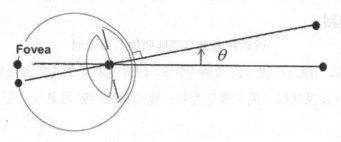

图 12.4　角位移

　　以眼睛旋转始点和旋转终点做两个视轴，它们之间的夹角，反映了眼睛转过的幅度，这个夹角称为角位移或者角距。

（2）眼动角速度

　　李氏定律表明，眼球所做的运动是定轴转动。对于定轴转动而言，我们用角速度来描述眼球的速度变化。

　　设眼球的旋转轴为 O，并经过眼球球心。眼球从初始位置（视轴 1）旋转到终止位置（视轴 2），旋转的方向满足右手螺旋关系。即从初始位置抓向终止位置，大拇指所指方向为旋转正方向，如图 12.5 所示，并定义旋转的单位矢量为 $\vec{n}$。前后旋转的角位移设为 θ。则眼球旋转的角速度为：

$$\vec{\omega} = \frac{\mathrm{d}\theta}{\mathrm{d}t}\vec{n} \tag{12-1}$$

　　可以证明，这个速度也是视网膜像在视网膜上移动的速度。

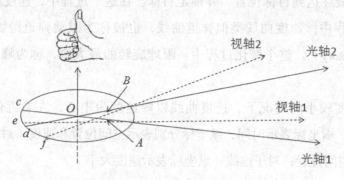

图 12.5　眼动的角速度和角位移关系

　　视轴扫过的平面和光轴扫过的平面，都垂直于旋转轴。旋转的角距和角速度就是视网膜像在视网膜上的角距和角速度。

眼动角速度与视网膜像关系证明

设眼睛从注视点位置 1 移动到位置 2。眼球上对应的光轴和视轴分别记为 1 和 2；注视点在视网膜上成的像记为和；视轴和视网膜的交点记为 c 和 d；旋转轴为 o。

由于眼球所做的运动是定轴转动，眼球移动前后，光轴和视轴具有共同的旋转轴。因此，该旋转轴垂直于光轴扫过的平面，也垂直于视轴扫过的平面。光轴和视轴移动前后的夹角记为 A 和 B。显然 $\angle A = \angle B$。那么，在眼球构成的球体内，$\overset{\frown}{ce} = \overset{\frown}{df}$。由此可以得到：

$$\overset{\frown}{ced} = \overset{\frown}{edf} \tag{12-2}$$

而 $\overset{\frown}{ced}$ 是视轴在视网膜上扫过的距离。$\overset{\frown}{edf}$ 是光轴在视网膜上扫过的距离。也就是说光轴或者视轴在空间角距的变化，就是眼球旋转距离的变化。因此，直接把角距进行求导，就得到了眼球视网膜像移动的角速度。

眼动速度不仅反映眼睛移动快慢，也反映了眼睛运动状态变化，是描述眼动状态的一个关键参量。

眼睛旋转的运动包含两个过程：制动过程（加速过程），减速过程。

首先眼球从静态开始加速，速度越来越大。当达到某个最大速度后，眼睛开始减速并最终达到目标位置，并锁定目标。在这个过程中，速度越来越小。整个眼动过程中，速度曲线类似弹道曲线，也被称为眼动弹道抛物轨线（eye ballistic trajectory）。整个变化过程中，眼球旋转的最大值，称为峰速度（peak velocity）。

眼动幅度较小的情况下，速度曲线以峰速度为中心，左右近似对称。如图 12.6 所示，横坐标表示时间，纵坐标分别表示空间位置和速度（对于黑实线，纵坐标表示空间位置；对于虚线，纵坐标表示速度大小）。

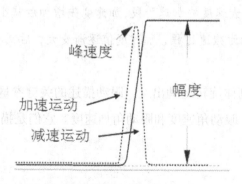

图 12.6　眼动速度

　　横坐标表示时间，纵坐标分别表示空间位置和速度（对于黑实线，纵坐标表示空间位置；对于虚线，纵坐标表示速度大小）。眼动旋转过程中，速度类似弹道曲线。眼动包含两个过程：加速和减速过程。

（3）眼动角加速度

　　在物理学中，加速度是反映速度变化快慢的物理量。眼动旋转过程中，由于速度不断发生变化，因此需要加速度量化。根据定轴旋转运动，加速度为：

$$\vec{a} = \frac{\mathrm{d}\,\vec{\omega}}{\mathrm{d}t} = \frac{\mathrm{d}^2 \theta}{\mathrm{d}t} \vec{n} \qquad\qquad (12\text{-}3)$$

　　眼睛旋转的过程，是非匀速旋转运动。眼动的运动速度变化包含两个阶段：加速阶段和减速阶段。在加速阶段，加速度由 0 开始先增加后减小至 0 值，这时速度达到最大。在减速阶段，加速度的值先增加后减小至 0 值，这时速度达到 0，完成减速。只是在减速阶段，加速度的方向和加速阶段相反，如图 12.7 所示。

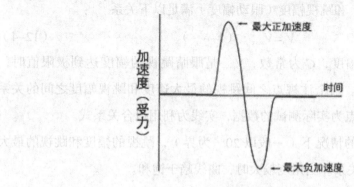

图 12.7　眼动角加速度变化过程

在从 0 加速到最大速度的加速阶段，加速度先增加后减小至 0 值。在减速阶段，加速度为负值，表示为减速过程，加速度值逐渐变大，后减小至 0，速度也为 0，完成减速。

至此，从物理刚体旋转运动出发，眼动描述的关键参量已经确立，包括：眼动幅度（角位移）、眼动角速度和眼动角加速度。它们是描述眼球旋转运动状态的三类关键参量。

12.2　眼动主序方法

主序（main sequence）方法，源于天文学，是天文学家在研究星体演化过程而引入的一种方法。利用该方法，天文学家对星体演化进行了分类。

在眼动研究中，把眼睛跳动幅度和跳动的时间（duration），以及眼动最大速度和眼睛跳动的幅度之间的关系，称为主序。它经常被用于分析跳视的促发和控制，也可用于眼动类型的分类。与天文学的主序研究相似，眼睛跳动幅度和跳动的时间（duration），以及眼动最大速度和眼睛跳动的幅度之间的关系，也在一条带子上分布，称为跳视主序关系。它是研究眼动关系的强有力工具[4]。

12.2.1　峰速度与眼动幅度关系

当眼球从一个注视点移动到另外一个注视点时，称为跳视（saccade）。跳视的最大速度（峰速度）和跳视幅度（眼动幅度）满足以下关系[5]：

$$V_p = V_{max} \cdot \left(1 - e^{-\frac{A}{c}} \right) \tag{12-4}$$

式中，A 为跳视幅度，C 为常数，V_{max} 是眼睛跳视的幅度达到极限值时，速度所达到的极限值。两个注视点之间跳视的最大速度和跳视幅度之间的关系如图 12.8 所示。实心点为实际测试的数据，实线为利用拟合关系式。

在跳视角度较小的情况下（一般以 20° 为界），跳视的幅度和跳视的最大速度之间近似为线性关系。当角度较大时，曲线趋于饱和。

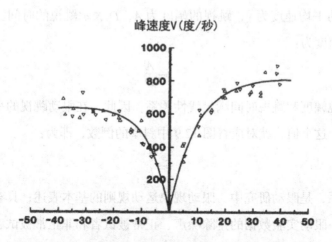

图 12.8　峰速度和跳视幅度之间的关系

横坐标为跳视幅度,纵坐标为跳视峰速度。左边为鼻侧跳视,右边为颞侧跳视。

12.2.2　跳视时间与眼动幅度

我们把一次跳视所花费的时间,定义为眼动跳视时间(duration)。实验发现:每次眼动跳视时间和跳视幅度满足线性关系,如图 12.9 所示。左侧表示向鼻侧的跳视,右侧表示向颞侧进行的跳视。两侧跳视都为线性,但不具有对称性。

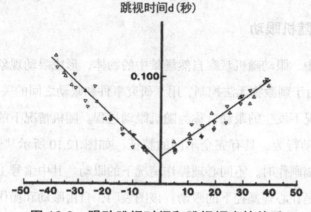

图 12.9　眼动跳视时间和跳视幅度的关系

横坐标为跳视幅度,纵坐标为跳视时间。眼动跳视时间和跳视幅度之间呈线性关系。

设眼动的平均速度为 $\bar{v}$，跳视的幅度为 A，D 表示跳视的时间。那么，眼睛跳视的平均速度为：

$$\bar{v}=\frac{A}{D} \tag{12-5}$$

由于跳视幅度和跳视时间满足线性关系，因此，在眼动跳视的平均速度也是一个恒定值。这个值，就对应着图 12.9 中斜率的倒数，即为：

$$\bar{v}=\frac{1}{k} \tag{12-6}$$

主序关系，是眼动研究中，眼动现象运动规则的基本表述；具有非常重要的应用。例如，眼动实验数据的排除噪声、正常被试者和非正常被试者眼动数据的差异性判断等。

12.3 事件相关眼动特征提取

在心理加工过程中，特定的物理事件或心理事件会诱发眼动，即事件和眼动存在着关联关系。由事件诱发的眼动和随机眼动混合在一起，形成复杂的眼动现象。利用随机过程与统计的眼动提取方法，可以得到和事件相关的眼动过程特征，本节主要来讨论这种方法的使用。

12.3.1 随机眼动

自然场景中，眼动随机观察自然场景中的物体，形成眼动现象。这种情况下的眼动现象，由于刺激物无法控制，用于研究事件和眼动之间的关系，相对困难。因此，这种情况下发生的眼动，称为随机眼动过程。随机情况下的眼动和可控情况下进行的眼动行为，具有完全不同的特征。如图 12.10 所示[6]，当给一个被试者呈现同一幅画作时，不同心理操作情况下的眼动。其中编号 1 为自由眼动情况，其他的则是在心理操控下的眼动。该图表明，自由眼动和操作情况下的眼动情况不同。

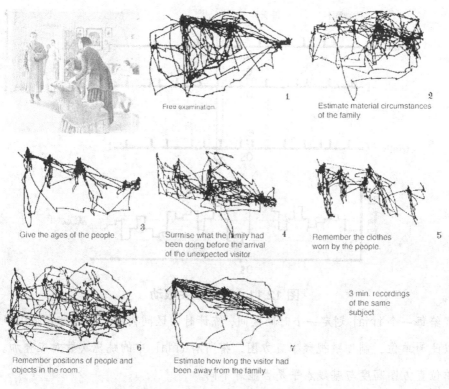

图 12.10 Yarbus 眼动实验

编号 1 为自由眼动情况下的眼动轨迹记录。其他的则是在心理操作情况下进行的眼动轨迹记录。

12.3.2 事件相关眼动

在心理学中，试次是指执行一次实验任务操作，实验是多试次及其误差构成的综合体。在刺激呈现前后，发生眼动行为。

但是，由于存在自由眼动情况，因此眼动行为具有一定的随机性，为了研究呈现的刺激和眼动之间的相关性，采用随机过程和统计方法，消除这种随机性，即事件相关眼动方法。

把呈现刺激前后发生的眼动行为作为一个随机的抽样过程。如图 12.11

所示[7, 8]，其基本步骤如下。

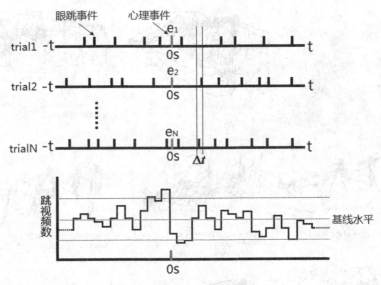

图 12.11　事件相关眼动

给每一个 trial 划定一个时间区间，统计时间区间内的心理事件和眼跳事件，并以此为单位，制作跳视频率直方图，将所有 trial 中的跳视次数对应叠加。计算单位直方图高度与基线水平是否显著不同。

① 事件时间锁相。在眼动实验中，同样实验条件下的眼动有 N 个试次，每个试次中对应一次刺激呈现的事件（也称为心理事件），记第 i 次发生心理事件为 e_i，$i=1$，2，$\cdots$，N。

② 把整个实验过程的数据进行分段。以心理事件 e_i 发生的时刻为 0 点，向前后分别取长度为 t 的时间段，得到一个时间区间 $[-t, t]$，N 次事件可以得到 N 个这样的时间区间。$\triangle t$ 以为单位长度将区间 $[-t, t]$ 划分为一系列小的时间窗（分组），设每个区间被分为 m 段，$m=2t/\triangle t$。

③ 眼动事件叠加。计算出每个长度为 $\triangle t$ 的时间窗中跳视的次数，第 j 个时窗中跳视的次数记为 S_j。将 N 个时间区间中每个时窗中的跳视次数对应相加，即第 j 个时窗中跳视次数 $S_j = \sum_{i=1}^{N} S_{ij}$，叠加之后可得到一个唯一时间序列。以跳视频数为高度，以 $\triangle t$ 为单位长度，制作直方图。

④ 眼动事件检测。计算 $[-t, -\frac{t}{2}]$ 和 $[\frac{t}{2}, t]$ 范围内直方图高度的均值 μ 和标准差 σ，在这一范围内的跳视距事件发生的时间较远，所得 μ 和 σ 可以看作是总体的描述统计量。若 S_j 在 $\mu \pm 2\sigma$ 范围之外，则说明第 j 个直方图的高度与总体存在着显著差异，即此处的跳视次数与平均水平相比差异显著[9]。

参考文献

［1］高闯. 眼动实验原理. 武汉：华中师范大学出版社，2012，69.

［2］Crawford, J., J. Martinez-Trujillo, and Klier, E. Neural control of three-dimensional eye and head movements ［J］. Current opinion in neurobiology, 2003, 13（6）: 655-662.

［3］Tweed, D., W. Cadera, and Vilis, T. Computing three-dimensional eye position quaternions and eye velocity from search coil signals ［J］. Vision research, 1990, 30（1）: 97-112.

［4］Bahill, A.T., M.R. Clark, and Stark, L. The main sequence, A tool for studying human eye movements ［J］. Mathematical Biosciences, 1975, 24（3）: 191-204.

［5］高闯. 眼动实验原理. 武汉：华中师范大学出版社，2012，81-82.

［6］Yarbus, A.L. Eye movements during perception of complex objects ［M］. Springer, 1967.

［7］Perkel, D.H., G.L. Gerstein, and Moore, G.P. Neuronal spike trains and stochastic point processes: I ［J］. The single spike train. Biophysical journal, 1967, 7（4）: 391.

［8］van Dam, L.C. and van Ee, R. Retinal image shifts, but not eye movements per se, cause alternations in awareness during binocular rivalry ［J］. Journal of Vision, 2006, 6（11）: 3.

［9］van Dam, L.C. and van Ee, R. The role of saccades in exerting voluntary control in perceptual and binocular rivalry ［J］. Vision research, 2006, 46（6）: 787-799.

第五部分
脑电－眼动实验数据重整

第13章 实验数据重整概述

实验测试中，测试对象是具有生命的人或者动物。因此，在实验测试中，测试对象可能会随时间动态而发生变化，或者被试者前后状态发生影响，而且，测试的个体之间也存在着差异，导致实验数据中存在大量的噪声。此外，在实验测试中的多因素之间，不是独立变量。这些原因，或导致实验数据前后关联，或导致不同因素之间的测量数据相互包含。而统计学中很多方法的使用，往往要求实验数据独立。这些原因，直接导致：从实验数据中直接获取实验效应比较困难。

在实验测试中获取的实验数据，需要进行重新整理。因此，依赖于特殊的实验数据整理方法，对实验数据进行重新整理，得到干净的实验数据，并分离相关的实验效应，也就尤为重要。本章节，针对上述问题，讨论实验数据的重整问题。

13.1 实验数据重整初步

任何实验，无论多么规范的精细设计实验，实验数据都不可能做到绝对干净，都需要经过初步的整理，才能做进一步分析，初步的实验数据整理技巧有多种，善用这些技巧，将使得实验数据背后的规则性更加容易表现出来。这些技巧和个人的实验经验、数理方法的理解、哲学方法的思考等紧密相关。

实验数据的重新整理，基于一个最简单的基本假设：不同因素对实验数据都会产生影响，实验数据也就由此表现出对应的规则性。这种规则性，反映在实验数据中，数据就应该具有自己的结构。分析实验数据的结构和组成，也就是分析实验数据背后的潜在规则，实验数据的重新整理，往往需要两个关键步骤：第一，降低噪声；第二，实验数据结构和重建。本节，将讨论第一个问题。

13.1.1　实验误差与同质性

实验中的噪声、非预测因素干扰、控制因素水平的变化等，都会导致自变量的数量或者等级变化，从而被包含在因变量的实验数据中。由于误差影响或者其他未知因素影响，实验数据并不能集中的反映所测的问题。因此，判断实验数据同质性与否，在获取实验数据之后，是非常关键的步骤[1]。

（1）误差与同质性关系

根据实验测量学，在给定实验条件下，就可以测得该实验条件下对应的实验因变量的一个样本。实验误差越大，实验数据的分布范围也就越大。如图 13.1 所示，是两种实验条件下，不同实验误差对实验数据和实验分析的影响。第一种情况下（上图），实验误差较小，实验数据的分布形态比较狭长，同质性比较好，两种情况下的实验数据比较容易区分，有利于两种实验条件下因变量变化趋势的比较。第一种情况下（下图），实验误差较大，实验数据的分布形态比较矮胖，同质性糟糕，两种情况下的实验数据难以区分，不利于两种实验条件下因变量变化趋势的比较。

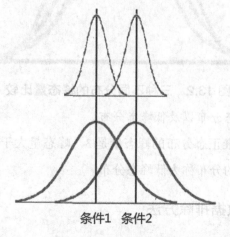

条件1　条件2

图 13.1　实验误差与实验数据同质性关系

实验条件 1 和实验条件 2 分别测量获取的因变量的两个分布，上图实验数据同质性比较好，可以集中反映实验条件 1 和实验条件 2 所对应的因变量，实验数据发生明显分离，有利于两种情况下实验数据比较。下图则相反。

（2）实验数据同质性判断

由上述分析，做实验数据的同质性判断，就是判断实验数据受实验误差影响的能力。从统计学来讲，就是判断实验数据分布的狭长长度。实验数据分布越狭长，实验误差越小，实验系统的抗干扰能力也就越强。因此，可以通过统计学的峰态量[2]，来衡量实验数据的同质性与否。峰态量的表达式为：

$$S^4 = \frac{M_4}{\sigma^4} \tag{13-1}$$

式中，S^4 为峰态量，M_4 为实验样本的 4 阶矩，σ 为实验样本的标准差。

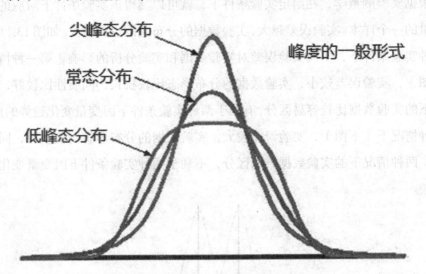

图 13.2　三种不同分布的峰态量比较

尖峰态分布、常态分布以及低峰态分布。

一般情况下，标准正态分布的峰态量是 3，峰态量大于 3 的分布称为尖峰态分布，峰态量小于 3 的分布称为低峰态分布。

13.1.2　极端数据排除方法

由于实验中存在误差，因此实验数据表现出随机特性。排除实验存在的噪声以及极端数据，获取更为干净的实验数据，是实验面临的问题。排除极端数据的方法有：观察法、分布判断法和累频法。

（1）观察法

观察法是指对实验数据中较为明显的噪声进行手动排除。一组实验数据中，如果某个数值明显异于其他值，则可视为极端值并加以排除。此方法方便、快捷，在数据量较少的情况下适用。如果数据量很大，浏览、比较所有的数值会花费大量的时间，而且主观因素的影响也很大，不利于极端值的排查。

（2）分布判断方法

对于一组样本容量较大的实验数据，要判断是否存在极端数据，检查数据的变异性，了解数据的分布特征是一种很有效的方法。为了能够快速判断出数据的分布情况，简单介绍两种参数：百分位数和四分位数[3]。

百分位数，是指如果将一组数据从小到大排序，并计算相应的累计百分位，则某一百分位所对应数据的值就称为这一百分位的百分位数。例如，经排序后，某一数据的累积百分位为 $p\%$，那么该数据就称为第 p 百分位数。计算方法如下：

$$P_p = L_b + \frac{\dfrac{P}{100} \times N - F_b}{f} \times i \tag{13-2}$$

P_p 是指要求的第 p 百分位数，L_b 为百分位数所在组的精确下限，f 为百分位数所在组的次数，F_b 为小于 L_b 的各组次数的和，N 为总次数，i 为组距。几个比较常用的百分位数为 P_{25}，P_5，P_{25}，P_{50}，P_{75}，P_{95}，$P_{97.5}$，其中 P_{25}，P_{50}，P_{75} 又称为四分位数，百分位数常用于描述一组观察值在某百分位置上的水平。多个百分位结合使用，才能更全面地描述数据的分布特征。

（3）累频法

累积频率曲线[4]，是指把数据从小到大排列，按单位组距分组后，计算每组内数据出现频率并依次累加起来，以曲线的形式表示，如图 13.3 所示。

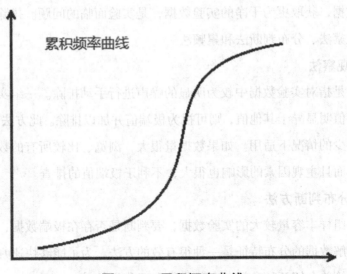

图 13.3　累积概率曲线

横轴表示数据大小，纵轴表示数据出现频数的累加值。

累积频率曲线的两端表示本组数据中的极大或极小值，因此，可以利用这一方法来排除极端数据。

13.2　实验数据结构

心理加工过程是有规律的，这种规律必然包含在实验数据当中。也就是说，通过某种特殊的处理方法，会得到这种规律性。这种心理规律和实验数据规则的对应，称之为结构或者数据模式。因此实验数据的结构和模式也必然是心理规律的反应。本节，将通过实验数据处理过程中的问题，来逐步讨论实验数据的整理问题。为深度实验数据的挖掘技巧奠定基础。

13.2.1　独立实验数据获取

在心理学中，心理过程诱发的心理效应往往不能瞬间消失，因此，当前采集的实验数据，往往包含前一时刻的心理效应，这就导致：在整个实验过程中，心理效应相互叠加，实验数据复杂。这为获取实验数据的规则和模式带来了极大的困难。因此，基于实验原始数据，获取独立的实验数据成为首选。下面将通过时间序列方法，构造独立实验数据的获取。

（1）时间序列数据

对一个连续的时间进程，以某一统计指标，按等时间间隔进行观测和测量，获取的实验数据按时间先后排列，称为时间序列[5]。日常生活中，有许多时间序列的例子，例如，每半天测量某个被试者吸食烟的数量，得到如图 13.4 所示的结果。

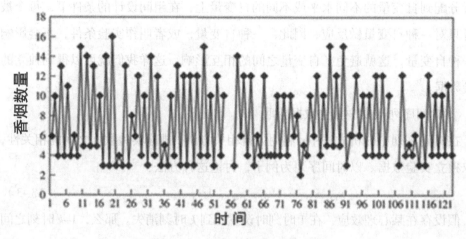

图 13.4　典型的时间序列数据

横坐标表示时间，单位为小时。纵坐标表示吸食香烟的数量。图 13.4 反映了每 6 个小时受访者吸食香烟的数量。

这就是一个时间序列，时间序列可以表现事物某个指标随时间变化的过程，反映事物发展的时间进程。在形式上，时间序列是一个恒定时间间隔的一组数据。认知神经科学中，研究者通过各种手段来观察人的大脑，得到的也是时间序列[6]。因此，研究时间序列对认知神经具有重要的意义。

（2）时间序列之间的关系类型

与独立实验数据不同，时间序列数据的来源对一个某一对象连续的时间进程进行等时间间隔的观测，这样数据之间不可避免地会有关联。对于实验来说，这种关联可能来自于被试者（实验对象）的内部，也可能来自于实验操作以及相关环境而引起的外部因素。使实验数据关联的实验效应[7]包括: 学习效应; 潜在效应;

延续效应。前文，我们已经进行了解释，在此不再赘述。

（3）独立实验数据获取

在心理学中，获取独立实验数据的方法，包含两种：组间设计和时间序列的偏自相关方法。

① 非时间序列独立实验数据获取——组间设计

依赖于不同被试者之间的数据选取，被试者相互之间不关联。就是把不同被试者分配到自变量的不同水平或不同的自变量上，在组间设计的条件下，每个被试者只对一种自变量做反应，因此，一种自变量，或者叫作实验条件，不会影响另一种自变量，这就避免了自变量之间的相互影响。这样我们就可以得到独立的实验数据。

② 时间序列数据中独立数据获取

在时间序列中分析方法中，利用偏自相关方法，排除实验数据之间的相关性，获取独立实验数据。以时间序列为例子，讨论这种方法：

$$x_1, \ x_2, \ \cdots, \ x_k, \ x_{k+1}, \ \cdots, \ x_n \tag{13-3}$$

假设存在某心理效应，在 1 时刻时诱发，到 k 时刻消失。那么，1-k 时刻之间的实验数据都应该是相关的。由此，我们可以得到 k-1 列相关的实验数据，也就是说第 1 列和第 2 列相关，直到和第 k 列都相关。同理，第 2 列和之后的所有列也相关。

$$
\begin{pmatrix}
x_1 & x_2 & x_3 & \cdots & x_k \\
x_2 & x_3 & x_4 & \cdots & x_{k+1} \\
\cdots & \cdots & \cdots & \cdots & \cdots \\
\cdots & \cdots & \cdots & \cdots & \cdots \\
x_{n-k} & \cdots & \cdots & \cdots & x_{n-k+1} \\
\cdots & \cdots & \cdots & \cdots & \cdots \\
x_{n-2} & x_{n-1} & x_{n-1} & & \\
x_{n-1} & x_n & & &
\end{pmatrix}
\tag{13-4}
$$

那么，第 1 列和第 2 列的相关关系，使用相关系数 γ 表示。第 1 列和第 3 列的相关性还要排除第 2 列对第 3 列的影响，需要计算第 1 列和第 3 列的偏自相关关系，依此类推，如图 13.5 所示。

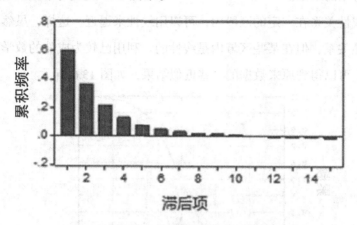

图 13.5　数据偏自相关图

随着滞后项数的增加，数据自相关性下降，最后偏自相关系数趋近为 0。

那么，把这些偏自相关关系依次列出来，就得到图 13.5。也就是说，如果实验效应到 k 列消失的话，在 $k-1$ 个对应的偏自相关关系数应该为 0。即第 1 个实验数据和第 $k+1$ 个实验数据是独立的。如果实验中的这个效应是稳定的，我们就可以得到一个相互独立的实验数据列：

$$x_1,\ x_{k+1},\ x_{2k+1},\ \cdots \qquad (13\text{-}5)$$

这是一个相互不影响，且数据干净的时间序列数据。对这个实验数据进行处理，就可以很容易得到实验数据的规则性。

13.2.2　实验数据结构分离

数据是有结构的，这种结构也是规律的直接体现。数据的结构是指数据内部的组织规律。

（1）自变量和因变量之间的线性关系

自变量和因变量之间可以是线性关系，也可以是非线性关系。线性关系具有简单、易于处理、容易预测的特点。目前许多统计方法也是在线性关系的基础上发展出来的。但事实上，很多情况下，自变量和因变量之间的关系是非线性的。非线性关系处理起来过于复杂，并且由于数学方法的限制，我们很难从非线性关系中发掘出有用的结果。

但是非线性关系在一定的区段内，可以用线性来逼近。这样，虽然总体上数据呈现非线性关系，但在某些区域内是线性的。利用已较为成熟的数学方法来处理线性关系，可以得到原来数据的一些近似结果，如图 13.6 所示。

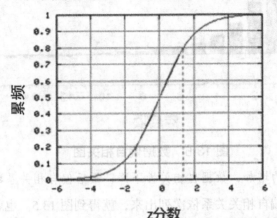

图 13.6　用线性来逼近非线性的 logistic 曲线

在一定的区段内，非线性关系可以用线性关系来代替。图 13.6 中两虚线之间的距离部分就可以看作是线性的。

（2）数据结构分离方法——累频方法

累频，又称为累计频率，是指某一数值以下或某一数值以上的频率之和。累频方法，是发现实验数据结构常用的方法。下面，通过射箭运动员中靶的累频概率曲线，说明如何利用累频分析实验数据的结构。

如图 13.7（a）所示，是射箭中靶的分布情况。中箭的数目按圆环表现出一定的规则性：有些区域中靶比较多，有些区域中靶为零。在空间中表现出一定的结构特性。

以靶心为圆心做半径，统计不同半径圆环内所有中箭的个数（累频）。得到图 13.6（b）的结果。

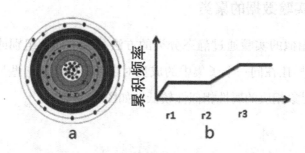

图 13.7　（a）是某箭手某次射箭的成绩；（b）是该成绩的累积曲线

横坐标表示半径大小，纵坐标表示中箭个数。从图 13.7 中可以看出，随着半径不断增加，曲线表现出来一定的规律：斜线表示在这段半径内，点的数量在不断累积；而水平线表示这段半径内，点数没有累积，斜率不为零的对应区域，中靶，斜率为零的区域，中靶为零。这种规则性，通过不同的实验数据分布曲线的形态显现出来。

此外，使用累频的方法还可以帮助我们分析极端数据，如图 13.8 所示。

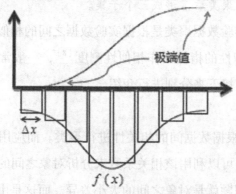

图 13.8　正态函数的累频函数

累频函数的首尾就是正态数据的极端值所在。

图 13.8 中是一列正态数据的累积函数，极端数据是指离数据中心较远的数据，统计学中通常把正负 1.96 个标准差之外的数据作为极端数据（首尾各 2.5% 的数据）。但是画出累频函数后，可以观察到，极端数据就是累频函数首尾累积较慢的区域。根据统计规律，极端数据一般是小概率事件，所以数据的数量较小（小概率事件），导致累积过慢。因此，累频法还能有效地应对极端数据。

13.2.3　实验数据的聚类

聚类是把相似的实验通过静态分类的方法分成不同的组别或者更多的子集（subset），这样让在同一个子集中的成员对象都有相似的一些属性，而在不同子集中的成员对象相应的属性相似性较低，如图 13.9 所示。

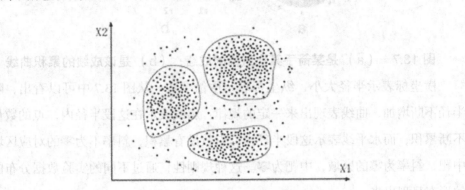

图 13.9　对实验数据进行聚类

对一个数据集进行聚类后，形成三个子集。

从本质上来说，实验数据聚类是根据实验数据之间的相似性，对实验数据进行分组。度量这种相似性的指标叫作相似性测度[8]，一般常用的相似性测度有相关测度和距离测度，接下来分别进行介绍。

（1）相关测度

相关测度[9]，是根据数据间的相关性进行聚类。而应用最广泛的相关测度就是皮尔逊相关系数，可以利用该相关系数来分析对象之间的相似性。

相关测度最大的问题就是对象之间的大小差异。而这是由于皮尔逊相关系数对变量值的大小并不敏感所导致。有时候高相关的两个对象在数值上的差异可能会很大。所以相关测度更多反映的是对象在模式上的相似性，有时候也称其为形状测度。

（2）距离测度

距离测度[10]就是把对象看成空间中的一个点，空间中距离越近的点，相似性就越高。常用的距离测度有欧几里得距离和绝对值距离等。

与相关测度不同的是，距离测度对对象在各变量上的值敏感，而对变化模式不敏感。在实际使用中，需要研究人员根据需要灵活地选取相应的测度来进行聚类分析。

13.3　心理相空间重构

人的心理系统是一个很复杂的动力系统，复杂性很高，受到很多因素的影响，传统的数学方法已经不能很好地处理这个动力系统。相空间重构属于混沌学中的技术，作用就是从时间序列中构造系统的状态。目前，已经有越来越多的研究者意识到，相空间重构技术在心理学，特别是认知神经科学中的应用。下面，简单介绍一下相空间重构技术。

13.3.1　心理相空间

相空间[11]是一个数学与物理学概念，相空间是一个假想的空间，被用来表征系统所有可能的状态，人的大脑也是一个复杂的动力系统，因此也可以把相空间的概念引入心理学。心理相空间可以理解为：人为的构造出一个空间，用来表示人的心理所有可能的状态。如何从实验所得的数据中展现、刻画和研究心理系统成为一个重要的问题。传统的数学方法是从获得的时间序列中去发现趋势，描述预测心理现象和行为。

（1）相空间

设想存在一个空间，系统在这个空间运行的每个状态都有一个相对应的点，称为相点。所有相点按时间先后排列，就构成了一个按时间变化的轨迹，称为相空间轨迹。相空间内的轨迹，刻画了研究对象的状态变化，以力学系统来说，相空间通常是由位置变量以及动量变量所有可能值组成。将位置变量与动量变量画成时间的函数有时称为相空间图[12]，简称"相图"（phase diagram）。图 13.10所示为一个系统的相图。

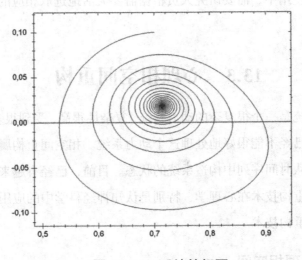

图 13.10　系统的相图

相图表现了系统的演化，相图中的点表示系统的一种状态。

在一个相空间中，系统的每个自由度或参数可以用多维空间中的一轴来代表。对于系统每个可能的状态，可以在多维空间描绘成一个点。通常这样的描绘点连接而成的线可以类比于系统状态随着时间的演化。可以使用相图代表系统可以存在的状态，它的外形可以轻易地阐述系统的性质，而使用其他的表示方法则不是那么显明。相空间可有非常高的维度。举例来说，一气体包含许多分子，每个分子在 x、y、z 方向上就要有 3 个维度给位置与 3 个维度给速度，可能还需要额外的维度给其他的性质。

（2）心理相空间

人的心理系统也是一个动态的系统，相空间技术也可以用来描述人的心理系统。即相空间技术，可以用来表示心理系统的所有可能的状态，而相空间中的一点就表示某种特定的心理状态。在心理相空间中，我们可以很好地观察心理系统的性质。

13.3.2　时间序列的相空间重构

现在，我们知道对心理现象进行相空间重构，有助于我们更深入地研究这些心理现象。混沌科学证明，实验中任意采集到的实验数据点，都包含了所有变量的信息，心理学数据亦是如此。基于此点，来讨论在时间序列实验数据中，如何通过相空间技术，理解我们心理运作的规律[13]。

我们测量所得的时间序列，往往包含这种复杂的相互作用。时间序列虽然只是一维的对象，但是却在一定程度上包含系统的全部信息，因此我们需要通过相空间重构，来发掘时间序列中所含的丰富信息。

将我们观测所得的时间序列记为：

$$x_1, \ x_2, \ x_3, \ \cdots, \ x_n \qquad (13-6)$$

由于实验数据之间是不独立的，因此由原始数据，获得独立的实验数据。采用上文偏相关实验方法，获取独立实验数据：

$$x_1, \ x_{k+2}, \ x_{2k+1}, \qquad (13-7)$$

假设，在所设计的实验中，独立变量的个数为 m，m 称为嵌入维度，或者相空间的维度。也就是说，描述心理状态变化的相空间的维数为 m。

在独立的时间序列中，从第一个实验数据点开始，选 m 个实验数据，得到一个空间点：

$$(x_1, \ x_{k+1}, \ x_{1 \, (m+1) \, k}) \qquad (13-8)$$

显然，这个实验数据点，可以理解为：在 m 维相空间中，坐标分别为 $x_1, \cdots, x_{1+(m-1)}$ ₖ 的一个点。即在影响心理活动的每个独立变量维度上，都采集了一个数据点。

同样，从第二点开始也可以得到 m 维相空间中的第二个点：

$$(x_2, \ x_{2+k}, \ \cdots, \ x_{2 \, (m+1) \, \tau}) \qquad (13-9)$$

依此类推。任意一时刻对应的实验数据点，可以表示为：

$$(x_i, \ x_{i-\tau}, \ \cdots, \ x_{i(m+1) \, \tau}) \qquad (13-10)$$

直到穷尽所有实验数据。如果我们从相坐标系的原点出发，做一个指向相空间的矢量，则 t 时刻，该矢量可以表示为：

$$\vec{r} \, (t=i) \begin{pmatrix} x_i \\ x_{i-\tau} \\ x_{i \, (m+1) \, \tau} \end{pmatrix} \qquad (13-11)$$

也就是说，矢量$\vec{r}$（$t=i$）代表了心理加工过程中，随时间变化的一个相点，该点记录了在该时刻大脑活动的心理状态。那么，所有运动相点按时间先后排列，也就构成了心理相空间中，心理运动状态变化的轨迹。

13.3.3　心理相动力机制

对心理系统重构相空间之后，就会在相空间内看到系统演化的轨迹。那么，对心理的状态刻画也就立即解决。

既然，我们得到心理状态变化的心理状态轨迹矢量，那么就可以通过这个状态矢量，描述心理状态的变化和动力特性[14]。因此，定义心理状态的加工速度为：

$$\vec{v} = \frac{\vec{r}(t)}{dt} \tag{13-12}$$

速度，反映了心理加工的快慢，是心理状态变化的关键参量。那么，引起心理速度变化的量可以定义为：

$$\vec{a} = \frac{\vec{v}}{dt} = \frac{d\vec{r}^{N}(t)}{dt^{2}} \tag{13-13}$$

引起心理变化的动力，也可以用唯像的方法，表示为：

$$\vec{F} = k\,\vec{a} = k\frac{d\vec{r}^{N}(t)}{dt^{2}} \tag{13-14}$$

式中，k为一个常数。

由上所述，心理相空间重构，不仅刻画了心理的状态变化得到描述，也可以通过唯像学描述，获取心理的动力机制。

参考文献

[1] Ellis, R.S., et al. The homogeneity of spheroidal populations in distant clusters [J]. The Astrophysical Journal, 2009, 483（2）: 582.

[2] Singh, J., B. Pandey, and Hirano, K. On the utilization of a known coefficient of kurtosis in the estimation procedure of variance [J]. Annals of the Institute of Statistical Mathematics, 1973, 25（1）: 51–55.

[3] Hammer, L.D., et al. Standardized percentile curves of body–mass index for

children and adolescents [J] . Archives of Pediatrics & Adolescent Medicine, 1991, 145 (3) : 259.

[4] Cassie, R.M. Some uses of probability paper in the analysis of size frequency distributions [J] . Marine and Freshwater Research, 1954, 5 (3) : 513–522.

[5] Schinka, J.A., W.F. Velicer, and Weiner, I.B. Handbook of psychology: research methods in psychology [J] . Wiley New Jersey, 2003, 2.

[6] Yang, H., et al. Temporal series analysis approach to spectra of complex networks [J] . Physical Review E, 2004, 69 (6) : 066104.

[7] McGuigan, F.J. Experimental psychology: Methods of research [J] . Prentice-Hall, Inc, 1990.

[8] Zhang, D. and Lu, G. Evaluation of similarity measurement for image retrieval [C] . in Neural Networks and Signal Processing, 2003. Proceedings of the 2003 International Conference on. IEEE, 2003.

[9] Esram, T., et al. Dynamic maximum power point tracking of photovoltaic arrays using ripple correlation control [J] . Power Electronics, IEEE Transactions on, 2006, 21 (5) : 1282–1291.

[10] Sanfeliu, A. and Fu, K.S. A distance measure between attributed relational graphs for pattern recognition [J] . Systems, Man and Cybernetics, IEEE Transactions on, 1983 (3) : 353–362.

[11] Hoover, W.G. Canonical dynamics: Equilibrium phase–space distributions [J] . Physical Review A, 1985, 31 (3) : 1695.

[12] Deschamps, J., V. Kantsler, and Steinberg, V. Phase diagram of single vesicle dynamical states in shear flow [J] . Physical review letters, 2009, 102 (11) : 118105.

[13] Sivakumar, B., A. Jayawardena, and Fernando, T. River flow forecasting: use of phase–space reconstruction and artificial neural networks approaches [J] . Journal of Hydrology, 2002, 265 (1) : 225–245.

［14］Liu, P., L. Lu, and Liu, S. Chaotic characteristic analysis and short-term prediction of power daily load［C］. in Electrical and Control Engineering（ICECE）, 2011 International Conference on. IEEE, 2011.

第14章　脑电数据分析方法基础

　　脑电数据分析的根本目的是：从脑电中提取实验效应参量，通过实验参量揭示人脑加工规律。在前文，我们已经介绍了脑电使用中的各种参量及其含义。

　　但是，实验数据的处理，并不是简单意义上的数据提取和获取参数。在脑电实验数据分析中，暗含了最基本的普遍意义的学科方法学思路。这些方法学，是我们数据重整的根本性基础。因此，理解这些方法学，将使我们从简单的数据处理技术操作中脱离出来，通过数据构造，挖掘数据背后潜在的脑加工规则，这也将超越已知脑电方法，为新的发现创造可能。

　　因此，本章将从数理、实验理论、技术方法等多个角度，来分析脑电数据的提取，主要包含以下 3 个关键性内容：

　　（1）脑电实验数据的预处理；

　　（2）脑电数据的数据空间构造技术；

　　（3）脑电参数提取。

14.1　脑电数据预处理

　　脑电实验数据预处理的核心是使实验数据标准化，为后续脑电数据使用奠定基础。因此，它处理的核心思想是，降低实验数据中的噪声，排除无关因素，使实验数据干净。

14.1.1　噪声与采样关系

（1）脑电物理噪声屏蔽

在脑电系统记录的实验数据中，存在着各式噪声。一般脑电记录，主要采用两种物理手段屏蔽噪声：屏蔽室和差动式放大电路。

脑电屏蔽室本质上是一个接地的闭合金属结构。具有两个方面的功能：①屏蔽室外的信号不能进入屏蔽室内部；②屏蔽室内的辐射信号无法传出去。通过屏蔽室的这种功能，屏蔽外界环境中的无线电信号和市电信号。

差动式放大电路则通过电路的设置，使环境中无关的信号，无法被记录。达到屏蔽外界信号的目的。但是，绝对的屏蔽往往是难以做到的，在脑电系统仍然存在着噪声。

（2）噪声与采样

每秒内从连续信号中采集的实验数据点个数，称为采样率，单位是 h_2。采样率也称为采样速度或者采样频率。

$$采样率 = \frac{1}{\triangle t} \tag{14-1}$$

其中 $\triangle t$ 为相邻数据点之间的时间间隔。采样率大小，会影响采集到的信号质量。一般情况下，采样率越高，信号越接近真实信号。

理论上，采样率是越大越好，但过大的采样率会使采集的数据呈几何级数增长。且在很多情况下，一些在低采样率情况下观察不到的噪声，开始显露出来。也就是说，如果没有特殊的数据挖掘要求，并不是采样率越高越好。

（3）脑电离线采样

在脑电后期处理软件中，通过重新设置脑电的采样率，可以把记录的实验数据重新采样。重新数据采样是后期处理的一个关键步骤，在实验信号不失真的情况下，降低采样频率，也可以达到抑制噪声的目的。

14.1.2　滤波

滤波是脑电信号中一类特殊的信号处理方法，通过特殊设置，可以使满足条件的信号保留下来。

（1）滤波的目的

脑电滤波是脑电数据预处理中的核心问题。在脑电入门阶段，我们必须弄搞清楚为什么要滤波，也就是滤波的目的，滤波的目的有以下两点。

① 去除噪声

在脑电中，会存在记录的噪声，如交流电，通过滤波技术，可以去除这部分的噪声。或者在对波段分析之后，发现存在着某种形式的噪声，就可以通过滤波来去除这些噪声。

② 选定波段

在脑电研究中，经常要对某一波段进行研究，这种情况下，就需要对某种特殊波段进行选定，选定这些波段，并屏蔽其他波段，也就构成了滤波的第二个目的。

（2）滤波器种类

按照输入和输出信号之间的关系，脑电信号处理中的滤波器主要分为 4 种类型：低通滤波器（low pass），高通滤波器（high pass），带通滤波器（band pass）和带阻滤波器（band stop）。

低通滤波器主要消除高频成分，仅仅允许低频成分通过。也就是说设置一个频率值，只要低于该值的所有频率的波都是允许通过的。高通滤波器则与之相反，设置一频率值，只有高于这个值的信号才允许通过。

带通滤波器同时消除高频成分和低频成分，允许中间成分通过。也就是说设置一个频率的区间范围 $[a, b]$，只有在该范围之内的信号被保留下来。与之相反，当设置一个区间范围后 $[a, b]$，带阻滤波器则允许这个范围之外的信号通过。这 4 种滤波器的功能如图 14.1 所示。

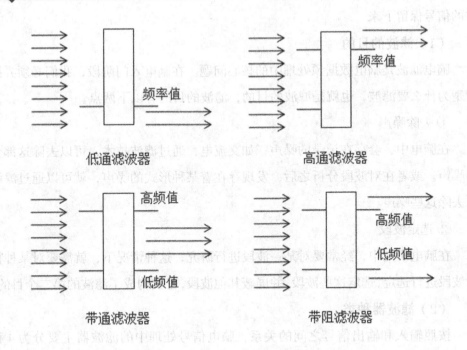

低通滤波器　　　　　　　高通滤波器

带通滤波器　　　　　　　带阻滤波器

图 14.1　滤波器功能

4 类不同的滤波器，当设置不同的值时，允许不同的频率成分通过。由此，达到滤除一部分波的目的。

（3）脑电滤波

脑电滤波主要满足两个目的：去除噪声，限定研究波段。

在中国，50Hz 的交流电是主要的一类脑电噪声，通过滤波，可以去除这个脑电噪声成分。另外，根据研究的需要，或者脑电活动特性的需要，设定要研究的脑电波段，也可以通过设定不同的值和选择不同的滤波器来实现。例如，清醒时，人脑的加工状态是脑电中的高频波段，可以根据脑电波谱，选择合适波段。

14.1.3　参考电极转换

现代脑电记录系统，基本上采用国际标准记录规范。但是，不同的脑电系统、或者不同的实验范式，在使用上会存在微小差异，最典型的就是参考电极选择。例如，EGI 系统记录时以 C_z 作为中央电极参考、*Neuroscan* 则有多种选择等。因此，记录时参考电极和实际需要的电极并不完全相同，这可能需要实现"参考电极"
转换。在很多软件中，内置了这种电极转换功能，如 EEGLAB 软件，如图 14.2 所示。

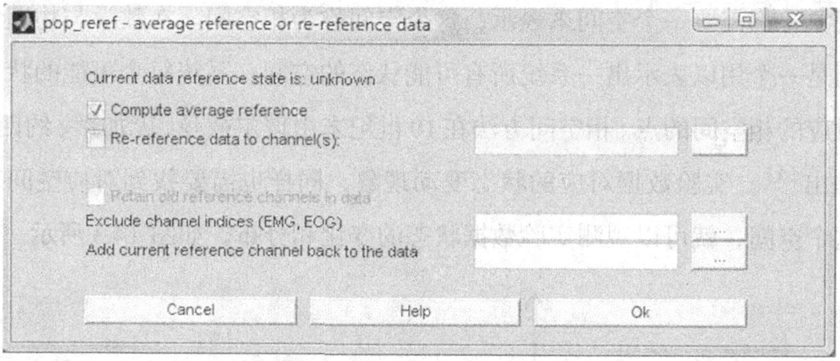

图 14.2　参考电极选择

EEGLAB 中参考电极转换界面。默认的情况下为总体平均电极参考。需要转
换的话，可以输入参考电极的位置。

14.1.4　剔除无效电极通道

在脑电记录中，可能会出现电极损坏、电极脱落等原因，导致部分电极无法记
录头皮电信号。因此，剔除这部分脑电信号，使之不能进入分析是关键的处理步骤。

14.2　实验数据空间：主成分分析

脑电实验数据后期处理中，主成分分析方法和独立成分分析方法是两类重要
方法。很多脑电实验数据，都是建立在此基础之上。主成分分析方法，源于动理
学（因子分析）、测量学和多元统计等的结合。它的本质是通过测量的实验数据，
找到描述实验数据表示的空间及其特征。这种方法，在实验科学中被大量使用，
并被应用到脑电科学和眼动科学中，具有重要地位。本节来讨论主成分分析方法。

14.2.1　数据空间

（1）相空间问题

从广义上来讲，在实验中测量的实验数据都是动态实验数据。即便是静态数

据，也可以理解为动态过程中，一个特定时间点的数据。也就是说，研究对象的动力性质，决定了实验数据的变动特性，它是一类特殊的运动现象。任意形态的运动现象，都需要一个空间来表示，这个空间称为相空间。在数学与物理学中，相空间是一个用以表示出一系统所有可能状态的空间；系统每个可能的状态都有一相对应的相空间的点。相空间方法在19世纪末由玻尔兹曼、庞加莱、约西亚·吉布斯提出[2]。实验数据对应的状态变动现象，同样也需要找到对应空间表示，通过这个空间，就可以观测实验数据状态的变化和分布，如图14.3所示。

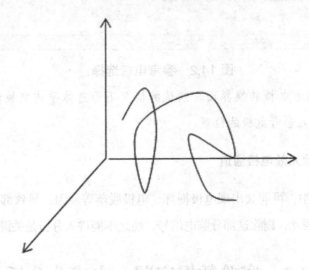

图 14.3　相空间

相空间是一个用以表示出一系统所有可能状态的空间；系统每个可能的状态都有一相对应的相空间的点。通过相空间，就可以观测运动状态的变化。

（2）空间维度和动理变量

空间维度，确定了描述运动轨迹所需的空间大小。一般的空间，我们都采用正交空间，不同维度的变量之间满足独立关系。

动理变量是指引起运动轨迹发生变化的原因。引起运动状态变化的原因和空间的维度并不等价，而且数目也未必相等。例如，一个物体做均加速直线运动，描述运动轨迹只需一个维度即可，受的合力也有一个。而平抛运动，描述轨迹的空间需要两个维度，但是受到的力只有一个。空间维度和动理变量的描述维度的关系，必须引起注意，否则在现实中使用这些方法时，会导致错误。

14.2.2　脑电测量矩阵

如果我们把每个脑电电极作为一个测量记录点，那么这个点，我们将其称为一个实验数据的观测点。显然，每个电极的记录是独立的。任意给定一个时刻，所有电极记录的实验数据，可以用一个行矢量来表示：

$$(S_{11} \cdots S_{1i} \cdots S_{1n}) \tag{14-2}$$

其中 1 表示第一次测量，i 表示第 i 个电极，n 表示所有记录电极的数量。在相同实验条件下，进行多次测量，测量的次数记为 m，再把 m 列实验数据排列在一起，就构成了包含所有实验数据的测量矩阵。

$$\begin{pmatrix} x_{11} & \cdots & x_{1i} & \cdots & x_{1n} \\ \cdots & \cdots & \cdots & \cdots & \cdots \\ x_{m1} & \cdots & x_{mi} & \cdots & x_{mn} \end{pmatrix} \tag{14-3}$$

通过奇异值分解，这个矩阵就可以被化为以下形式：

$$\begin{pmatrix} x_{11} & \cdots & x_{1i} & \cdots & x_{1n} \\ \cdots & \cdots & \cdots & \cdots & \cdots \\ x_{m1} & \cdots & x_{mi} & \cdots & x_{mn} \end{pmatrix} = \begin{pmatrix} a_{11} & \cdots & a_{1k} \\ \cdots & \cdots & \cdots \\ a_{m1} & \cdots & a_{mk} \end{pmatrix} \begin{pmatrix} \lambda_1 & & \\ & \cdots & \\ & & \lambda_i \\ & & & \cdots \\ & & & & \lambda_k \end{pmatrix} \begin{pmatrix} b_{11} & \cdots & b_{1k} \\ \cdots & \cdots & \cdots \\ b_{m1} & \cdots & b_{mk} \end{pmatrix} \tag{14-4}$$

其中，λ_1，$\cdots$，$\lambda_i \cdots$，λ_k 称为本征值。其中中间是个对角阵，这种分解方式称为奇异值分解。

14.2.3　主成分几何学含义

我们通过一般意义的矢量，来讨论主成分含义。假设存在一个行矢量：

$$(x_1 \cdots x_i \cdots x_n) \tag{14-5}$$

把这个矢量进行转置，就得到这个矢量的列矢量。把这个矢量和列矢量与本征矩阵相乘。

$$(x_1 \cdots x_i \cdots x_n)\begin{pmatrix} \lambda_1 & & & \\ & \cdots & & \\ & & \lambda_i & \\ & & & \cdots \\ & & & & \lambda_k \end{pmatrix}\begin{pmatrix} x_1 \\ \cdots \\ x_i \\ \cdots \\ x_k \end{pmatrix}$$

$$= \lambda_1 x_1^2 + \lambda_i x_i^2 + \cdots + \lambda_k x_k^2 \tag{14-6}$$

令该式等于一个常数 c^2 则上式可以进一步被改造为：

$$\frac{x_1^2}{\left(\frac{1}{\sqrt{\lambda_1}}\right)^2} + \frac{x_i^2}{\left(\frac{1}{\sqrt{\lambda_i}}\right)^2} + \frac{x_k^2}{\left(\frac{1}{\sqrt{\lambda_k}}\right)^2} = c^2 \tag{14-7}$$

这是一个高维空间的椭球面方程。为了方便理解，我们以二维空间来说明这个问题。在二维情况下，式（14-7）可以表示为：

$$\frac{x_1^2}{\left(\frac{c}{\sqrt{\lambda_1}}\right)^2} + \frac{x_2^2}{\left(\frac{c}{\sqrt{\lambda_1}}\right)^2} = 1 \tag{14-8}$$

在二维情况下，这是一个标准的椭圆。它的两个轴（长轴或者短轴）分别是：$\frac{c}{\sqrt{\lambda_1}}$ 和 $\frac{c}{\sqrt{\lambda_2}}$。而 x_1 和 x_2 则是椭圆上的点。由此，在高维空间中（x_1，x_i，x_n），是高维空间中椭球面上的一个点，$\frac{c}{\sqrt{\lambda_1}} \cdots \frac{c}{\sqrt{\lambda_k}}$ 对应着高维椭球的各个轴的长度。因此，本征值的数量也代表了数据空间的维度。那么，通过奇异值分解，我们就可以找到实验数据所需要的空间维度。因为，每个实验数据都可以找到对应的椭球面，它们唯一的差别只是轴的大小不同，所有实验数据的分布范围也就被我们得到，如图14.4所示。

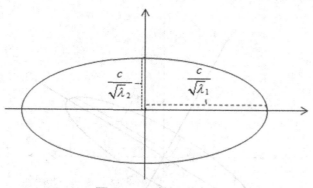

图 14.4　本征值含义

高维空间中，本征值与实验数据所在的椭球面的长轴和短轴之间存在着对应关系。

一般的情况下，如果本征矩阵不是一个对角阵，而是一般意义的矩阵，则如下式所示。

$$(x_1 \cdots x_i \cdots x_k) \begin{pmatrix} a_{11} & \cdots & a_{1k} \\ \cdots & \cdots & \cdots \\ a_{m1} & \cdots & a_{mk} \end{pmatrix} \begin{pmatrix} x_1 \\ \cdots \\ x_i \\ \cdots \\ x_k \end{pmatrix} \qquad (14\text{--}9)$$

这种情况下，该式是一般意义的高维空间椭球，只是它对应的椭球的各个轴和空间的坐标系并不重合，而是和坐标轴之间存在着旋转关系，如图 14.5 所示。

14.2.4　主成分分析本质

从主成分的测量学到主成分的分析操作，我们已经理解了主成分分析的基本设计思想是：通过测量矩阵和奇异值分解，得到了实验数据表示的空间维度（等于本征值的数量），所有实验数据都分布在最大椭球所在的球体内，这就是主成分分析的本质。

由于具有了一个表示实验数据的空间，所有测试实验数据也就可以转换为这个空间中的点。但是，这种方法，却没有区分实验数据之间的关联关系。

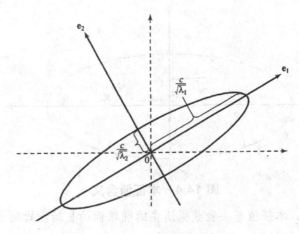

图 14.5　一般意义的椭球

一般情况下的椭球，主轴和坐标系并不重合，而是存在着旋转关系。

14.3　脑电独立成分分析方法

独立成分分析方法（Independent Component Analysis，ICA）是各类实验科学中常用的一类重要方法，在脑电 – 眼动研究中大量使用。与主成分分析方法相仿，独立成分分析方法，也是动理学（因子分析）、测量学、多元统计等整合的结果。因此，独立成分分析方法和主成分分析方法，都不能简单地理解为实验数据的处理方法。要从其设计的基本原理出发，才能真正理解它的基本含义，在应用中不会出现误用。本节，主要讨论独立成分分析方法的本质。

14.3.1　脑电独立成分问题

ICA 方法是脑电分析中常用的一种方法，用来区分不同脑电发生的"神经源"[3, 4]。假设存在 n 个脑电记录电极，用 $x(t)_i$ 表示在 t 时刻第 i 个电极上记录到的脑电大小。且在 t 时刻，大脑中存在脑电活动神经源，记为 $s(t)_k$，如图 14.6 所示。那么，根据物理学电压叠加原理，第 i 个电极上记录的脑电满足：

$$x(t)_i = a_{i1}(t)_1 + \cdots + a_{ik}(t)_k \cdots + a_{im}(t)_m \qquad (14-10)$$

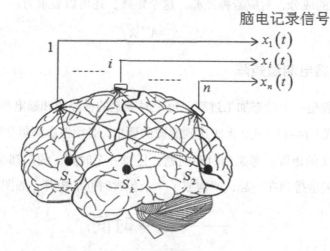

图 14.6 脑电记录的混合成分

脑中存在着多个神经源点，由神经源促发的脑电信号在各个电极混合，并满足物理学电压叠加原理。

即每个电极测量的电压和神经"源"满足线性叠加关系。其中系数和神经源到电极的距离、电流传递介质等相关。其中，m 表示神经源的个数。由此，在 t 时刻，就得到一个测量意义上的矩阵关系：

$$\begin{pmatrix} x(t)_1 \\ \cdots \\ x(t)_i \\ \cdots \\ x(t)_k \end{pmatrix} = \begin{pmatrix} a_{11} & \cdots & a_{1k} & \cdots & a_{1m} \\ \cdots & \cdots & \cdots & \cdots & \cdots \\ a_{i1} & \cdots & a_{k1} & & a_{i1} \\ \cdots & \cdots & \cdots & \cdots & \cdots \\ a_{n1} & \cdots & a_{n1} & & a_{n1} \end{pmatrix} \begin{pmatrix} s(t)_1 \\ \cdots \\ s(t)_i \\ \cdots \\ s(t)_k \end{pmatrix} \quad (14\text{-}11)$$

用 $\vec{X}$ 表示电极构成的矢量，用 A 表示系数矩阵，在脑电科学中，这二个矩阵也称为混合矩阵（mixing matrix），$\vec{S}$ 表示神经源构成的列矢量。式（14-11）可以简写为：

$$\vec{X} = A\vec{S} \quad (14\text{-}12)$$

也就是说，只要确定了系数矩阵，就可以把神经源点确定下来。在这里，$S(t)$

就是我们所说的成分，对应着神经源。这个矩阵，还可以表示为：

$$\vec{S} = A^{-1}\vec{X}$$ （14–13）

14.3.2　脑电测量矩阵

脑加工过程是一个动态加工过程，每个时刻脑的神经源和脑电都可能发生变化，仅仅依靠式（14–13）式，无法达到溯源的要求，必须考虑测量学问题，由此，构造测量学意义的矩阵。考虑到时间问题，任意一个时刻，我们都会得到一个 $\vec{X}$ 矢量，把这些矢量排列在一起，就构成了一个包含时间的矩阵，如图 14.7 所示。

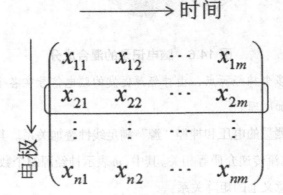

图 14.7　测量矩阵

把所有电极测量的实验数据，按时间先后进行排列，就构成了测量矩阵。这个矩阵的一行就代表了一个电极随时间变化过程中，记录的实验数据。

14.3.3　测量矩阵独立成分分解

把测量矩阵进行分解，可以分解为两个矩阵相乘的形式[5]：

$$\begin{pmatrix} x_{11} & x_{12} & \cdots & x_{1m} \\ x_{21} & x_{22} & \cdots & x_{2m} \\ \cdots & \cdots & \cdots & \cdots \\ x_{n1} & x_{n2} & \cdots & x_{nm} \end{pmatrix} = \begin{pmatrix} w_{11} & w_{12} & \cdots & w_{1m} \\ w_{21} & w_{22} & \cdots & w_{2m} \\ \cdots & \cdots & \cdots & \cdots \\ w_{n1} & w_{n2} & \cdots & w_{nm} \end{pmatrix} \cdot \begin{pmatrix} a_{11} & a_{12} & \cdots & a_{1m} \\ a_{21} & a_{22} & \cdots & a_{2m} \\ \cdots & \cdots & \cdots & \cdots \\ a_{n1} & a_{n2} & \cdots & a_{nm} \end{pmatrix}$$ （14–14）

　　我们分别说明，这个分解的矩阵具有的含义。第一个矩阵，称为反转权重矩阵，这个矩阵的"行"表示电极，"列"表示成分。从这个矩阵中任意取出的一列，表示一个神经源（偶极子或电荷分布），在各个电极上引起的空间拓扑的模式，等价为一个神经源形成的脑电地形图，不同的列就表示了不同的神经源，如图 14.8 所示。

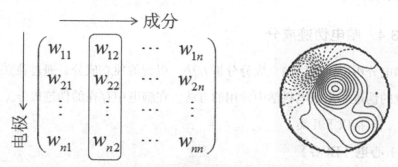

图 14.8　反转权重矩阵含义

　　反转矩阵的任何一列表示一个神经源在整个空间形成的模型，等价于脑电地形图。

　　第二个矩阵，行表示成分，列表示时间。由此，对于任意一个行的实验数据，则是任意一个成分随时间的变化。也就是说神经源促发的脑电变化，等价为一个神经源促发的 ERP 信号，如图 14.9 所示。

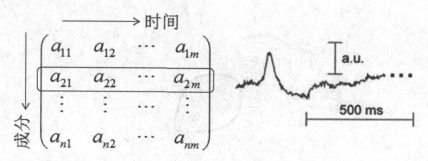

图 14.9　成分的时间进程

　　任何一列表示一个神经源随时间进程的变化，等价于单一神经源促发的 ERP 信号。

　　从上述脑电分析中不难看出，通过测量矩阵的分解，脑电被分解为以下两种表示：

① 各个脑电成分（神经偶极子源）诱发的脑电在空间的分布，等价于每个成分形成的脑电地形图；

② 各个神经源促发的脑电信号的时间进程。这个进程等价于某一个神经元促发的 ERP 信号。

14.3.4　脑电伪迹成分

在脑电分析中，采用独立成分分析方法，得到的独立成分。通过独立成分，排出脑电的伪迹，是脑电科学中常用的方法。在脑电中存在的伪迹成分（非神经源构成），包括以下几类。

（1）心电（ECG）

心脏依赖于脏器的电控制系统，实现脏室的依次跳动。这个活动过程中，引起空间电位变化，并沿着身体传播，形成心电，如图 14.10 所示。由于脖子和头脑的连接，导致心电沿着脖颈向头皮传播，因此，在脑电记录中，心电是一类重要的伪迹成分。由于经脖颈传播到头皮，心电形成的脑电地形图，高电位一般靠近后部，如图 14.11 所示。

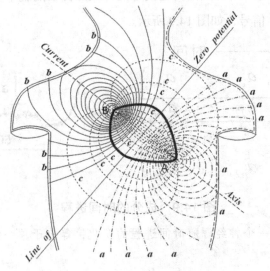

图 14.10　心脏产生的空间电场

心脏依赖于内部特殊的电控系统，实现心脏的自动依次搏动。并在空间形成电场，即心电。心电通过脖颈传输到头皮并形成脑电记录的伪迹。

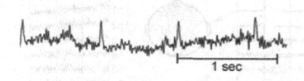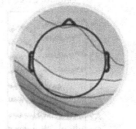

图 14.11　心电与脑电地形图

心电形成的脑电地形图，高电位一般靠近脖颈后部。

（2）眼电（EOG）

眼球是一个电偶极子，由于眼球的运动或者附属器动作，产生两种成分：眨眼和眼动。

眼睛眨眼的瞬间，眼睑闭合，眼球偶极子电压被释放。从而引起头皮记录的脑电迅速变化。这时，脑电上会观察到一个较大峰，而在脑电地形图前端则出现很高的电位，如图 14.12 所示。同样，在眼球移动的瞬间，会造成眼球的偶极子方向迅速发生变化，导致该脑电发生变化。

（3）肌电（EMG）

由于肌肉动作，导致头皮电位变化是一类常见的伪迹。例如，在头皮两侧并靠近颞侧，是血管经过并给人脑供血的地方。心脏跳动，引起脑血管活动变化，造成头皮肌肉活动，因此头皮电位变化。在脑电地形图上，头皮靠近颞叶两侧部位，可以观察到这个成分，如图 14.12 所示。

在 EEGLAB 软件中，专门嵌入了 ICA 方法，并可以做出各种成分的脑电地形图，通过脑电地形图可以直观地去除各类脑电的伪迹，方法十分简单。

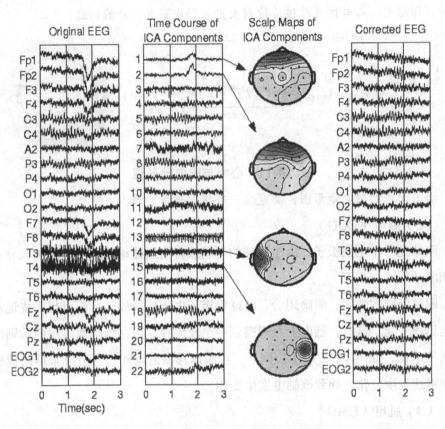

图 14.12   脑电伪迹与脑电地形图 [1]

最上两幅是眼电形成的地形图，下面两幅是肌肉形成的脑电地形图。采自 http://sccn.ucsd.edu/~jung/blink.gif。

14.3.5 脑电独立成分分析应用

脑电独立成分分析是当前非常流行的分析方法，在很多脑电软件中嵌入使用这类方法。在脑电中，以独立成分分析为基础的实验数据提取包括：

① 脑电伪迹排出；

② ERP 波提取计算；

③ 脑电地形图表示；

④ 脑电溯源。

一般在脑电软件的使用指导书中，都列举了这些基本的实验操作，在此不再赘述。

参考文献

［1］http：//sccn.ucsd.edu/~jung/blink.gif.

［2］Nolte，D.D. The tangled tale of phase space［J］. Physics Today，2010，63（4）：31–33.

［3］Hastie, T. and Tibshirani, R. Generalized additive models for medical research［J］. Statistical Methods in Medical Research，1995，4（3）：187–196.

［4］Jutten，C. and Herault，J. Blind separation of sources，part I：An adaptive algorithm based on neuromimetic architecture［J］. Signal processing, 1991, 24（1）：1–10.

［5］Ullsperger，M. and Debener，S. Simultaneous EEG and fMRI：recording，analysis，and application［M］. UK: Oxford University Prese，2010：123.

第15章 脑电－眼动同步处理软件

脑电－眼动实现同步记录的目的：就是要实现实验数据之间的相互整合，以使研究的功能有所扩大。这是同步联合实验的最基本出发点，也是脑电－眼动联合研究的关键环节。幸运的是，在国际脑电－眼动研究中，有些特殊软件，已经可以实现脑电－眼动联合实验数据的共同处理，且是免费开源的软件，这为我们的同步联合研究，带来了极大便利。本章，将针对脑电－眼动联合实验数据处理的问题，重点介绍这种软件。由于脑电－眼动同步实验数据处理的软件是以 EEGLAB 为基础的，因此，本章主要分为两个部分：EEGLAB 介绍；EYE-EEG 外挂插件。

15.1 EEGLAB 工具包

EEGLAB 是 matlab 的一个特殊工具包，它兼具了脑电分析的基本功能，同时又突破了脑电软件中科学计算方面的缺陷[1]。使得 EEGLAB 工具包的使用，在世界范围内被广泛接受并不断得到提升。

15.1.1 EEGLAB 软件介绍

EEGLAB 是一个可视化交互工具包，可以用来分析连续性脑电信号和事件相关电位信号。它的基本界面如图 15.1 所示。

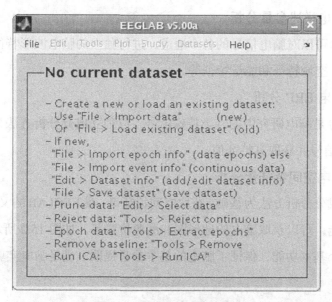

图 15.1   EEGLAB 界面

EEGLAB 是 matlab 下的一个交互工具包，通过交互界面，可以实现脑电信号的可视化操作。

EEGLAB 工具包，具有以下几个特点：

① EEGLAB 是开源软件。可以嵌入各种插件，具有良好的兼容功能；

② 兼容各类脑电数据。世界上主要的脑电系统 NEUROSCAN、EGI、BP 等系统采集的数据，都可以导入该软件中；

③ 具有各类脑电的分析功能，提取各类脑电指标；

④ 免费软件。该软件在网上可以自由下载使用，不受加密技术限制。

EEGLAB 的这些特点，决定了 EEGLAB 软件在脑电研究领域被广泛使用。

15.1.2   EEGLAB 功能介绍

EEGLAB 在脑电处理中，可以实现脑电分析的 3 个基本功能。

事件相关脑电位分析。以独立成分分析为基础，获取 ERP 信号及其特征量。

脑电空间信号分析。通过独立成分分析，获取脑电信号的脑电地形图、溯源定位等。

（1）脑电描述参量分析

EEGLAB 可以对脑电信号的各个通道，进行独立的脑电波形特征分析，提取脑电的时域、空域特征和能量特征等。

（2）脑电 ERP 分析

ERP 信号是脑电研究中的一类特殊信号。以独立成分分析方法为基础，提取各通道 ERP 信号并获取其特征值。

（3）脑电空间特征量分析

以独立成分分析方法为基础，获取空间特征量，是 EEGLAB 的又一基本功能。通过这个功能，可以获取脑电的地形图和溯源位置等，如图 15.2 所示。

上述 3 个基本功能，保证了脑电的基本参量提取，满足脑电实验研究。

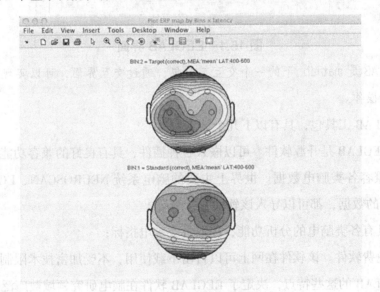

图 15.2 EEGLAB 地形图

通过独立成分分解，得到脑电地形图，是 EEGLAB 的基本功能之一。

15.2 EYE–EEG 外挂插件工具

EYE–EEG 外挂插件是脑电－眼动联合的分析工具，它是 EEGLAB 的一个嵌入外挂插件。EYE-EEG 插件，既可以把眼动数据导入 EEGLAB 中，也可以把眼动中的跳视、固视作为事件，将 EEG 信号同步在一起[2-4]。这样，就把脑电和眼动信号关联在一起，实现眼动和脑电信号之间的整合分析。

15.2.1　脑电和眼动数据同步

现在使用的 EYE-EEG 插件，在安装后，就内化为 EEGLAB 的一部分。并在 EEGLAB 的界面下，直接显示一个眼动的外挂菜单。在 EEGLAB 中，可以直接进行调用，方便实验数据的处理和调用，如图 15.3 所示。

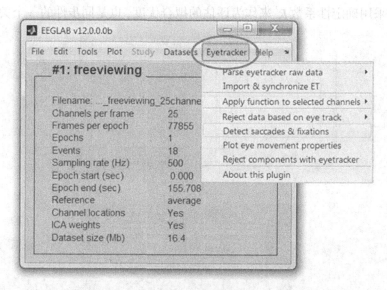

图 15.3　眼动插件界面

安装好 EYE-EEG 插件后，在 EEGLAB 的界面下，就会出现一个眼动的外挂菜单，通过这个菜单实现眼动数据的调用。

在进行脑电和眼动实验数据分析之前，眼动数据和脑电数据要进行同步性检查，然后进入各自的分析和实验数据之间的整合。

（1）同步性检查

在脑电－眼动系统中，同步记录到脑电和眼动数据。如果需要把眼动事件和脑电事件联合在一起进行分析，首先把两种数据同步起来。该插件可以导入眼动的数据并把脑电同步起来，对脑电眼动数据的同步性进行检查。

图 15.4（a）所示为导入脑电和眼动数据后，两种实验数据同步性标识，其中 ET（Eye Tracking）是眼动仪记录的事件，EEG Event 是脑电仪记录的事件。图 15.4（b）所示为两个时间同步性关系检查，把同一个事件（stimuli）同时向两个实验系统出发的时间时刻点记为（t_{EEG}，t_{Er}），其中 t_{EEG} 表示脑电接收到的事件的时刻，t_{Er} 表示眼动仪接收到的事件的时刻。如果两个事件时刻相同，则两者相同。这个数据点就在方程 $y=x$ 上。这个方程也是两种数据同步性的理论方程，因此，只要把两种情况下，记录的数据和这个方程做拟合，并评估拟合的质量即可。这里采用确定性系数 R^2 来作为评估的拟合优度，也是同步性的一个关键指标。

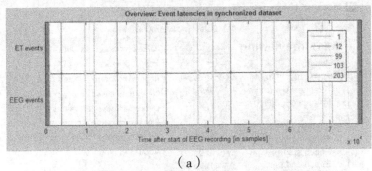

（a）

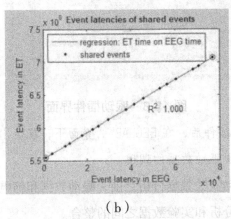

（b）

图 15.4　脑电－眼动数据同步性检查

（a）图是两个实验数据的同步性的图示。（b）图是两种实验数据的拟合度检查。用确定系数来评估在两种情况下，实验数据同步性的质量。

（2）同步性嵌入

在脑电系统中，存在着眼电记录信号，但是并不包含眼动的空间信号。经眼动仪器记录的眼动信号，可以作为通道信号嵌入 EEGLAB 信号中，如图 15.5 所示。

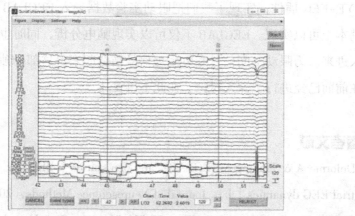

图 15.5　眼动信号通道

把眼动仪记录的信号作为脑电信号的一个通道，EEGLAB 可以同时显示脑电、眼动信号。

15.2.2　眼动数据特性

EEGLAB 眼动插件，按照国际通用眼动算法，可以探测眼动的两类事件：跳视和固视。并把眼动的特性表示出来，如眼动主序谱、眼动事件的分布、眼动的固视位置、眼动的热区图等。这样就把眼动分析的内容纳入进来，如图 15.6 所示。

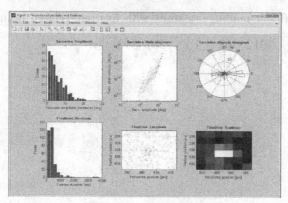

图 15.6　眼动特性

EEGLAB 的眼动插件，可以显示眼动的功率谱、角分布、热区图等特征。

15.2.3 脑电 – 眼动数据整合分析

EYE-EEG 插件，实现了我们把眼动实验数据导入 EEGLAB 后，两者的整合分析基本上可以实现。EEGLAB 不仅可以实现脑电分析，同时也把眼动的空间信号调入进来。为眼动空间信号和电生理信号结合起来。这部分独立信号的分析方法，在前面已经进行了深入讨论，在此不再赘述。

参考文献

［1］Delorme A & Makeig S EEGLAB：an open source toolbox for analysis of single-trial EEG dynamics［J］. Journal of Neuroscience Methods，2004，134：9–21.

［2］Dimigen，O.，Sommer，W.，Hohlfeld，A.，Jacobs，A.，& Kliegl，R. Coregistration of eye movements and EEG in natural reading：Analyses & Review ［J］. Journal of Experimenta Psychology：General，2011，140（4），552–572.

［3］Dimigen，O.，Valsecchi，M.，Sommer，W.，& Kliegl，R. Human microsaccade–related visual brain responses［J］. J Neurosci，2009，29，12321–31.

［4］Dimigen，O.，Kliegl，R.，& Sommer，W. Trans–saccadic parafoveal preview benefits in fluent reading：a study with fixation–related brain potentials［J］. Neuroimage，2012，62（1），381–393.

第 16 章　实验数据管理与公布

实验数据是实验室的核心部分之一。随着实验数量增加、实验项目的延续、连续性增强，实验数据之间的关联也会越来越强。

实验室数据的分类、整理和重整是任何一个具有长期发展的实验室都会面临的问题。这个问题，也就是实验室实验数据的管理问题。实验数据管理是"科学"实验必须面对的问题。因此，本章将讨论实验室的实验数据管理问题，为数据管理提供思路。

16.1　实验数据分类

数据是心理实验开展的基础。在心理科学实验研究中，从不同角度出发，有不同形式的实验数据类型。总体来讲，分为两大类实验数据：文献数据、实验测量数据。

16.1.1　文献数据

科学研究职业化、专业化层次越来越高。对科学问题的研究开始大量依赖于文献提供的经验和数据，这是研究开展的基本背景。一个良好的文献可以给我们提供以下基本信息：

① 所研究问题的基本历史概貌；

② 所研究问题的关键性进展；

③ 所研究问题引起的争议；

④ 所研究问题的未来问题；

⑤ 所研究问题的关键实验设计、研究方法及其数据。

因此，一篇良好的科研文献所提供的实验信息是我们开展实验工作的基础。在正式开展科学研究之前，调查大量的文献，获取文献数据是研究的第一步，也是关键性步骤。

16.1.2 文献数据的两类特点

文献提供的实验信息是问题研究的重要来源之一。追踪参考文献，可以了解问题的发展动向和未来趋势。

世界的研究动态，往往具有两类：追踪性研究和原创性研究。追踪性研究的参考文献往往具有以下特征：

① 文献数据最新；

② 应用量大；

③ 引用文献权威。

这些特征是由追踪的特性决定，由于关键性证据的出现，导致新的讨论，争议的发生使得文献数量激增，这些特性表明作者所做的研究属于热点研究，也是科学技术文献索引公司以及出版商关注的问题。

在科学界，一个热点问题经过一段时间的发展会慢慢沉寂下来。这时，任何关键性文章的出现，参考文献则不具备上述全部特征。例如，文献引用往往不是最近的。这对审稿人和编辑提出了很大的挑战。而很多审稿人、编辑直接要求"近年"文献达到多少数量，这不是一个科学的做法，这在学术界已经成为阻碍科学进步的一个阻力。

16.1.3 实验测量数据

在心理学测量中，通过实验进行测量的方式又分为两类：多被试者测量和单被试者测量。前者适用于行为统计，后者适用于单被试者重复测量。

无论哪种形式的测量，按实验数据测量的标度，可以分为：等间隔标度、顺序标度和名义量标度[1, 2]。

等间隔标度是有相等单位的一种标度，可分为等距标度和等比率标度。其中等距标度是有相等单位但无零点的标度，以其表示的变量观察值之间可进行比较，做加减运算，但不能做乘除运算。等比率标度既有相等单位又有绝对零点，以其表示的变量观察值之间既可进行比较，也可做加减乘除的代数运算[3]。

顺序标度是既无相等单位又无绝对零点的一种测量标度。这种标度等级顺序明确，有高低大小之分，但是等级与等级之间并非一定是等间距的。顺序标度要求等级之间的距离要适当，距离太大，则区分度差；距离太小，则判断过细，不好把握操作。用这种标度表示的变量叫作顺序变量，并且变量之间可进行比较，但是不能进行代数运算[4]。

案例展示

对于辣椒辣度等级分类

人们通常将辣椒的辣度分为低辣、中辣和重辣。这个分类就是按照辣椒辣度的等级来分的，辣度是依次递进、有顺序的定义。但是我们通常只能知道一级比另一级更辣，却不能知道辣了多少倍。只能知道顺序，不能知道每一"辣"级之间的数量关系。因此，辣椒辣的等级就是等级变量，如图 16.1 所示。

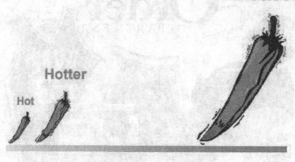

图 16.1 辣椒等级分类

一般将辣椒的辣度分为低辣、中辣和重辣。但是只能知道辣度的排序，不能知道每一"辣"级之间的数量关系。

名义量标度是由数字或词汇组成的一种量度，以表示变量的名称或所属的类别或范围。用名义量标度表示的变量没有数量或等级上的差异，仅是指代某一个或一组变量，作为其代号或别名，并且这类变量之间不能进行任何代数运算[5]。

案例展示

对网购行为测量的名义量标度

网购是现在人们经常接触到的一类购物形式。如果对这一行为进行测量，我们就可以根据网购行为的分类进行人口统计。在随机抽取的样本中，调查他们分别属于哪一类网购的行为。其中网购行为可以分为以下四类：

① 订购且正常付费；

② 订购了但是退货；

③ 订购未付费也未退货；

④ 从来不在网上订购。

根据这个类别就可以将第一类行为的人编码为 0，第二类的编码为 1，依此类推，即可统计出每一类人数所占的比例，从而推出人们最常使用的是哪一类网购行为，如图 16.2 所示。

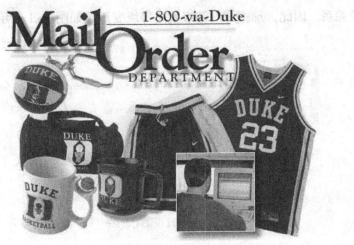

图 16.2　网购行为的四种分类

订购且正常付费；订购了但是退货；订购未付费也未退货；从来不在网上订购。

此外，按实验数据测试的水平，又可以分为：行为学数据、电生理数据和脑成像数据等。

16.1.4　人类学变量数据

心理学实验的对象在大部分情况下为人类，人类的某些属性会对实验本身造成影响，我们将这些人类的属性称为人类学变量。包括被试者的性别、年龄、国籍、种族、宗教信仰、左右利手、视力水平、生理周期、有无精神或生理疾病等[6, 7]。

根据实验目的，需要调查被试者的不同信息，如做纯视觉认知加工的实验时，可重点调查被试者的左右利手和视力等，而对其他方面则无须过分关注。

人类学变量来自被试者本身，可对其进行控制，以消除其对心理学实验造成的误差。例如，做视觉加工的实验时，被试者的视力或佩戴的眼镜可能会对监测眼动数据造成影响，使实验数据失真。又如，色情图片的认知加工时，被试者的生理周期也会对脑电数据造成影响。部分人类学变量也可进行操纵作为实验的自变量。

案例展示

视觉实验人类学信息调查表
保　密

_____实验被试者信息调查表

（视觉加工实验室 内部使用）

填表人_____

填表时间_____

被试者编号_____实验项目编号_____

实验数据编号_____

本实验所需要个人信息，可能会涉及你的隐私问题，但只用于学术研究，并且会严格保密，希望您可以如实提供真实信息，谢谢配合！

姓名		性别		
年龄		专业		
年级		学号		
联系电话		QQ 号码		电子照片
E-mail				
宗教信仰		籍贯		
左眼度数（或矫正视力）		右眼度数（或矫正视力）		
实验时间	年 月 日 时 分 秒			
实验项目	□眼动实验 □行为实验 □脑电实验 □其他			
有无报酬	□有 元／小时 □无			
报酬付费方式	□全部实验完成之后 □次实验／付费 1 次 □每次实验之后			
实验前是否知道这类型实验的相关细节	□不知道，第一次参与 □知道，以前做过此类型实验 □知道，通过其他途径			
实验经历	□有脑电被试者经验 □无脑电被试者经验 □有眼动被试者经验 □无眼动被试者经验 □有行为被试者经验 □无行为被试者经验 □其他			
参与本实验是出于兴趣还是其他因素	□兴趣 □被试费 □其他			
备注	全部实验完成之后付费的，如不能全部完成，不能付费 次实验／付费 1 次的，如不能完成，不能付费			

被试者签名 _____

年 月 日

实验室负责人签名 _____

年 月 日

16.2　实验室数据管理

文献管理与分析和实验数据管理是科研工作者首先面临的问题之一。通过特殊的计算机软件，可以实现对实验室数据的管理。利用软件工具对实验室数据进行管理，是实验研究者必须掌握的基本技能。实验数据的管理包括：文献数据管理和实验测量数据管理。本节，将逐步介绍几款特殊的软件，通过这些软件实现实验室日常行为管理。

16.2.1 文献数据的管理与分析

对文献进行管理，包括：文献检索与获取、文献存档与组织、文献的编辑与修改，以及文献的引用和插入。文献分析是指通过批量文献所提供的信息，对文献进行归类，并分析文献之间的关联关系，找出关键研究问题，以了解科学研究的某一领域的热点、空白以及趋势，确定研究方向、开拓研究思路等。用来分析这一问题的经典软件有：EndNote 和 RefViz 等。本部分只介绍 EndNote 和 RefViz 软件。

（1）EndNote 数据库建立

利用 EndNote 软件，可以在计算机上建立实验文献的数据库。基本操作是：选择 "File" 菜单下的 "New" 命令，如图 16.3 所示。在弹出的 "New Reference Library" 对话框，选择数据库文件保存的路径，并对其进行命名，如图 16.4 所示。

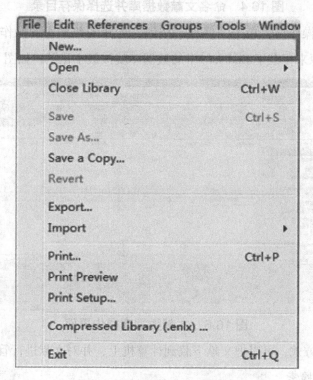

图 16.3 选择新建文献数据库

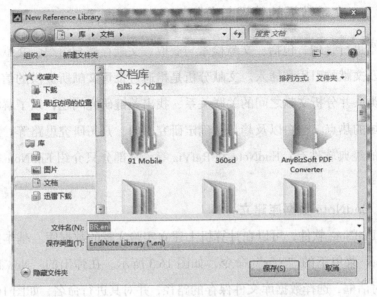

图 16.4　命名文献数据库并选择保存目录

　　完成以上操作后，单击"保存"按钮，新建的数据库的操作界面就出现在 EndNote 里。原来存在于 EndNote 中的数据库就被最小化了，如图 16.5 所示。

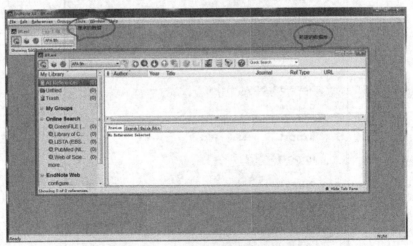

图 16.5　文献数据库操作界面

利用四种方式，可以把文献下载到计算机上，并对文献进行管理。

① 数据库检索

在 EndNote 里，文献的检索可以使用 Online Search 功能。EndNote 里已经整合了很多科研文献数据库，如 EBSCO、PubMed、Web of Science 等，供科研人员进行文献搜索。在 EndNote 工作界面左边方框内的 "Online Search" 栏目下是一些文献数据库，选择相应的数据库，在下边方框内单击 "Search" 选项卡，然后就可以按不同的关键词组合搜索相关的文献，如 "Author" "Title" "Year" "Journal" "Keyword" 等以及它们的组合。搜索出来的文献将列于 "Search" 的上方。这样搜索出来的内容还只是文献的引用信息，包括作者、年份、标题、期刊等信息。另外还可以使用 "Find Full Text" 来查找文献的全文内容，并下载，如图 16.6 所示。

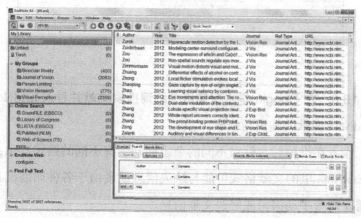

图 16.6　利用 EndNote 整合的数据库搜索文献

②Google 方式

另外还可以在 Google 学术里，进行文献搜索。在 Google 学术搜索的首页 "设置" 里，可以设置参考文献的导入软件为 "EndNote"，如图 16.7 所示。

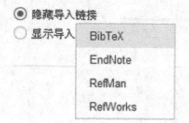

图 16.7　设置 Google 学术的参考书目管理软件

然后搜索相应的文献，在搜索出来的文献条目下方有 "导入 EndNote" 的链接（见图 16.8），单击此链接便可下载包含此参考文献信息的 enw 格式文件。下载完成后，打开此文件，便可将文献的信息导入 EndNote 里。

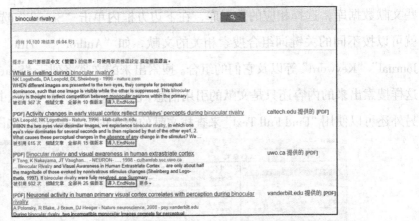

图 16.8　在 Google 学术里使用关键词搜索文献并导入 EndNote

③ EndNote 文献的编辑与修改

科研工作者在投稿时，针对不同的杂志期刊会有不同的格式要求，从其他数据库导入 EndNote 里的文献格式可能与缺失信息或者由于各种原因没有找到相应的文献，需要作者手动编辑或修改文献信息。

选择文献条目后，右击，在弹出的快捷菜单中选择 "Edit References" 命令可以修改文献。单击要修改的文献信息的项目，便可以在文本框中进行修改，如图 16.9 所示。

图 16.9　修改参考文献

选择文献条目后，右击，在弹出的快捷菜单中选择"New References"命令可以编辑文献信息。根据要求的参考文献格式，在对应的文本框里输入相应的内容，如图 16.10 所示。

图 16.10　编辑参考文献

（2）文献存档与组织

从网络获取参考文献的信息后，自动在 EndNote 中形成一个文献数据库，使用者可以根据自己的需要对这个数据库进行重命名，以便进行管理和日后查找。还可以对数据库内的文献进行分组管理，在 EndNote 工作界面的"My Groups"栏目下，右击便可以创建"组"。如图 16.11 所示中，建立一个命名为 BR.enl 的视觉研究方面数据库，其分组可以根据研究的领域来分，如"Binocular Rivalry"，也可以根据文献的期刊来分，如"Vision Research"，或者其他的方式。

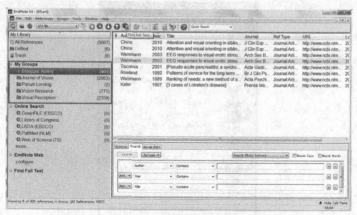

图 16.11　分组管理文献数据库中的文献

文献的电子文档可以通过右击文献的条目，选择"File Attachments"菜单下的"Attach File"命令，将文献的电子文档与文献条目关联起来。文献条目关联上文献之后，在文献条目前边会有一个回形针的标记（见图16.12）。这样通过"File Attachments"菜单下的"Open File"命令即可打开文献的文档。

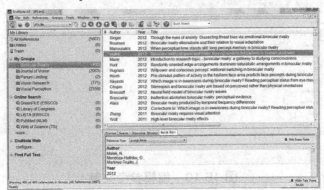

图 16.12　文献条目关联附件

（3）实验数据的存档和组织

EndNote 还可以用来管理实验数据。建立一个数据库，以被试者的编号或其他方式对实验数据进行分组，每个组别里包含实验数据的文档和数据文件的条目，并与相应的文档和数据文件进行关联。这样就可以达到组织管理实验数据文件的目的，具体做法如下。

选择"Edit"菜单下的"Preference"命令，如图 16.13 所示。

图 16.13　选择偏好选项

false

false

false

false

false

false

false

false

false

在弹出的对话框左边，选择"Reference Types"选项。在对话框右边的"Default Reference"后面的下拉菜单中选择"Unused 1""Unused 2"或"Unused 3"选项，如图 16.14 所示。

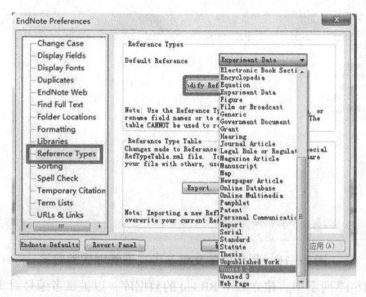

图 16.14　选择未使用的文献类型进行编辑

选择下拉菜单的"Modify Reference Types"命令，在弹出的对话框中修改"Reference Type"。在如图 16.15 所示的文本框内输入要修改的相应的属性名称。

图 16.15　修改文献类型的属性名称

单击"OK"按钮就产生了一种新的 Reference Type。可以使用"New Reference"功能向数据库添加新的条目，如图 16.16 所示。

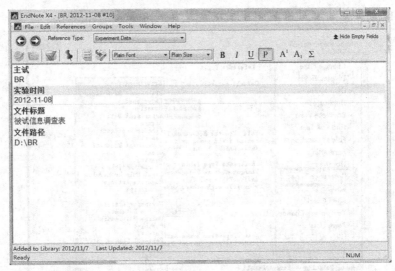

图 16.16　用新建的文献参考类型管理实验数据

如图 16.17 所示中，建立一个 BR.enl 的数据库，以被试者编号对实验数据及文档进行分组，并利用"Attach File"的功能将不同的条目与相应的文档和数据文件关联起来，当需要查看相应的文件时，可通过"Open File"打开相应的文件。

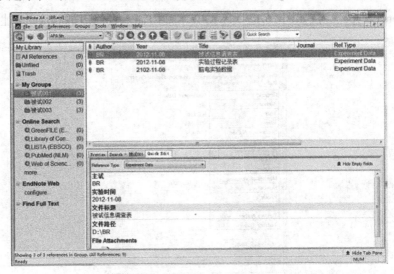

图 16.17　EndNote 制作的实验数据管理数据库

（4）文献的引用和插入

在写作文章或书稿时，使用 EndNote 进行文献插入非常方便。在 EndNote 中选中需要插入的文献，返回 Word 中，将鼠标放置于 Word 中需要插入文献的地方，然后单击 Word 面板上的 EndNote 栏目下的"Insert Citation"按钮（见图 16.18），或者单击 EndNote 软件面板上的文献插入图标（见图 16.19），文献便可插入文章或书稿中。

图 16.18　在 Word 中，单击"Insert Citation"按钮插入参考文献

图 16.19　单击 EndNote 软件面板上的文献插入图标，插入文献

当然，在投稿的过程中，不同的杂志或出版社要求不同的文献引用格式，有时 EndNote 中的文献引用格式并不能满足作者的需求。但是，EndNote 提供了更为灵活的方式，可以使用户修改已有的文献引用格式，甚至可以创建新的文献引用格式。

在 EndNote 中的"Edit"菜单下，将鼠标放在"Output Styles"选项上，在出现的下级菜单中选择"New Style"选项可以创建新的文献格式，选择"Edit'XX Style'选项"可以修改已有的文献格式，如图 16.20 所示。

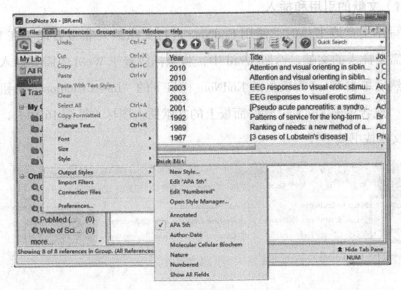

图 16.20　在"Output Styles"下选择新建和修改文献格式

例如，选择"New Style..."选项，弹出如图 16.21 所示的对话框。

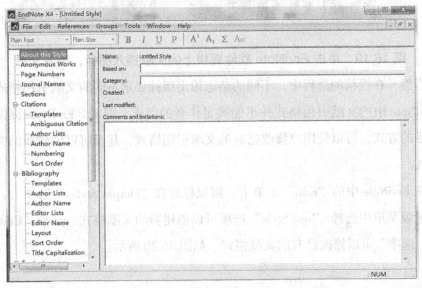

图 16.21　新建文献格式界面

对话框左边的面板是属性面板，用户可以选择相应的属性，右侧则会显示出其格式，可以在右侧选择或设置属性的格式。

例如，打开"Edit'APA 5th'"，弹出如图 16.22 所示的对话框。

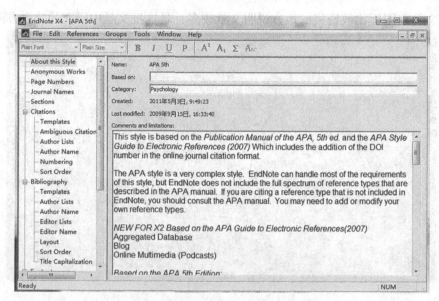

图 16.22 修改文献格式界面

与创建新的文献格式相似，可以在 APA 5th 这个文献格式模板的基础上修改成用户所需的格式。

16.2.2 RefViz

RefViz 是一款文献信息分析软件，可以帮助我们分析、组织和管理大量文献，既可以找出文献的关键信息，对文献进行归类，也可以找出文献之间的相互关系，迅速把握某一科研领域的整体情况，发现研究热点，并以可视化的方式将分析结果呈现出来。因此它可以帮助我们确定研究方向、拓展研究思路、寻找解决问题的新方案和突破口。

RefViz 处理文献的方式是，首先分析文章的标题和摘要，然后通过算法找出最重要的关键词、次重要的关键词以及无关紧要的词。最后利用这些词标识文章，再通过聚类将文献分成若干组。

图 16.23 所示为使用 RefViz 对双眼竞争近十年的文献进行分析得到的 Galaxy图，每个文件夹图标表示一组文献，每组文献的排列是根据它们之间相互类似的

程度来进行的。图标的大小代表文章数的多少，分布的位置靠得越近，内容越相似。文件夹图标比较密集的地方说明文献较多，是这批文献中研究的热点方向。

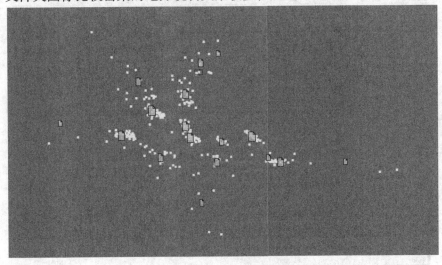

图 16.23　Galaxy 图（1）

图标的大小代表文章数的多少，分布的位置靠得越近，内容越相似。文件夹图标比较密集的地方说明文献较多，是这批文献中研究的热点方向。

当鼠标经过每个文件夹图标时，会出现一个便签显示该组文献的组别、文献的数量和关键词汇，可以帮助我们快速了解该组文献的内容，如图 16.24 所示。

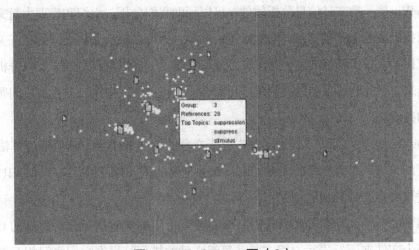

图 16.24　Galaxy 图（2）

将鼠标放在文件夹图标上显示该组文献的组别、文献的数量和关键词汇。

Refviz 产生的另一个图是 Matrix 图（见图 16.25）。Matrix 图显示的是文献组与主关键词或关键词与关键词之间的相互关系。其中，列代表关键词，行表示文献组或关键词。

在默认的设置下，行代表文献组，此时，Matrix 视图表示列中的关键词在哪些文献组中被讨论。矩阵中的颜色表示相关性，红色表示文献组与相对应的关键词关联强，蓝色则表示关联弱。

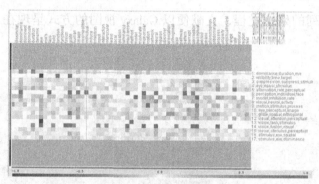

图 16.25　Matrix 图（1）

矩阵中的颜色表示相关性，红色表示文献组与相对应的关键词关联强，蓝色表示关联弱。

当设置行代表关键词时，Matrix 图中的矩阵表示行和列所代表的关键词之间的关联，即哪些关键词组合在一起的可能性更大，如图 16.26 所示。

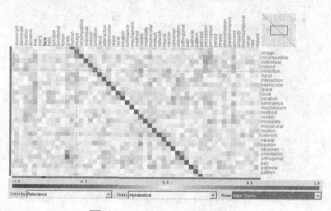

图 16.26　Matrix 图（2）

脑电－眼动同步实验方法学——实验哲学、实验原理、测量技术与数据重整

设置行代表关键词时，Matrix 图中的矩阵表示行和列所代表的关键词之间的关联。

① 通过 EndNote 数据库创建视图

将某一领域或主题的文献下载到 EndNote 数据库后，建立一个文献组。选中相应的文献组，并在右侧任意的文献条目上单击，选择 "Tools" 菜单下的 "Data Visualization"，（见图 16.27），便可将该组文献导入 RefViz 中进行分析，如果事先没有打开 RefViz，则选择 "Data Visaulization" 选项时会自动打开 RefViz。

经过一系列的处理过程，文献便以 Galaxy 视图的方式呈现在 RefViz 中，如图 16.28 所示。

图 16.27　选择 "Data Visualization" 选项，会自动打开 RefViz 并生成 "Galaxy" 视图和 "Matrix 视图"

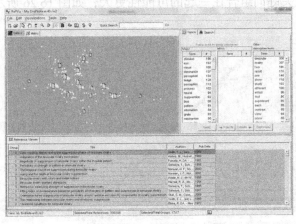

图 16.28　EndNote 中的文献生成的 RefViz 视图

② 搜索网络数据库创建视图

RefViz 软件自带的 "Reference Retriever" 工具可以通过搜索网络上的文献数据库，获取相关的文献，从而创建 "Galaxy" 视图和 "Matrix" 视图。

具体做法是：选择 "File" 菜单下的 "New View" 命令，如图 16.29 所示。

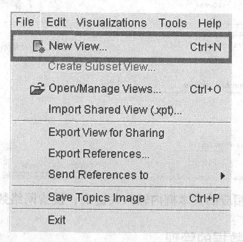

图 16.29　选择 "New View" 命令新建 RefViz 视图

选择 "New View" 命令弹出 "Create New View" 对话框，其上有两个选项，一为 "Searching database（s）using Reference Retriever"，二为 "Using reference file（s）"，选择前者，如图 16.30 所示。

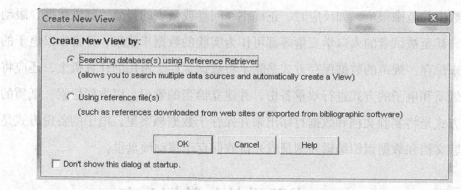

图 16.30　选中 "Searching database（s）using Reference Retriever"

单击 "OK" 按钮，则打开 "Reference Retriever" 对话框，在此可以根据不同的关键词组合搜索相关领域的文献，如图 16.31 所示。

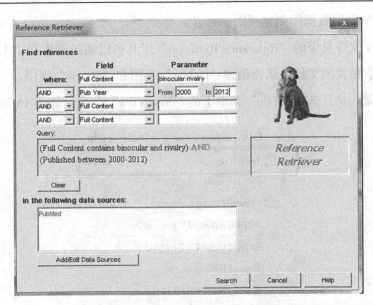

图 16.31　在相应的文本框内输入关键词，搜索网络数据库中的文献

16.2.3　实验数据的管理

实验数据管理也涉及数据的存档与备份、组织、检索、编辑与修改等。一旦做完一个心理学实验，会产生与实验相关的文档和数据。实验的文档包括，被试信息调查表、被试者知情同意书、实验过程的记录、实验所用到的问卷和量表等。实验数据的范围很广，如反应时、正确率、问卷或量表的得分、脑电数据、眼动数据，甚至被试者的人口学变量等都可作为实验的数据来收集，并常常以电子的形式来保存。规范的数据保存方式是除了将数据保存于常用的计算机上，还应将其以纸质和电子的方式进行双重备份，并建立恰当的索引，以方便检索。纸质的备份方式是将实验文档和数据打印出来并保存于数据档案里。电子的备份方式是将实验文档和数据组织编辑并刻录成光盘或保存于移动硬盘里。

16.3　实验贡献与数据公布

一个实验主题的工作完成之后，就要把实验室数据进行公布。发表文章成为实验室工作的重心部分。大多数科学研究杂志，对公布科学发现结果的格式会有所不同，但是要求基本相同。这点在各个投稿杂志中都有说明，在此不做重点讨论。本节主要讨论实验者对文章的贡献与数据公布问题。

16.3.1 科研关系

当今，科学研究独立地由某个人或某个实验室来完成的，已经显得力不从心了。多人或多实验室的科研合作已成为科学研究的大势所趋，对于交叉学科尤甚。对科学研究工作成果的公布，涉及两个主要问题：科学问题的发现和发现参与者的利益协调。我们主要讨论后者。一般情况下，科研合作关系分为四类：独立科研工作者、单科研组合作关系、双人合作关系和多科研组合作关系。处理好这些关系，对科学研究至关重要。

① 独立科研工作者

独立科研工作者属于单打独斗者，在各方面能力都很强，从科研构想，到实验设计、实验操作、数据分析，最后到文章的写作与发表，都由科研工作者个人独立完成。这种工作方式，不利于复杂的科学工作展开，如图 16.32（a）所示。

② 单科研组合作关系

一个科研核心领导，多个科研工作者或研究生组成的团队，共同完成某项课题或研究，属于单科研组合作关系。在科研组中的科研工作者和研究生，往往具有不同的学科背景或技术背景，并由核心领导统筹协调，各司其职。工作组领导的学术能力、协调能力和威望，是工作组赖以存在的重要基础，如图 16.32（b）所示。

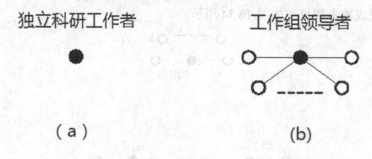

图 16.32　独立科研工作者和工作组领导者

a 独立科研工作者，在科研中一人完成所有的科研工作。②单科研研究组。

有一个独立的工作领导者（黑色圆圈），并包括多个组员（白色圆圈）。

③ 双人合作关系

两个独立的科研工作者，相互弥补，相互配合，共同完成某项研究，属于双人合作关系。由于完成一项研究需要投入大量的时间和精力，有时仅仅具备某一个领域的知识不足以解决科研中遇到的问题，因此，与人合作将使科研工作事半功倍，如图 16.33 所示。

图 16.33　双人合作关系

由两个研究组的领导者进行协调，实现两个组之间的科研问题合作。黑色圈表示领导者，白色圈表示组员。

④ 多科研组合作关系

在大型课题合作时，多科学研究组成为必然，尤其是那些重大基础科学研究中，这种合作形式更加常见。单科研组在完成某些重大科研项目时，往往独立难支，需要多个科研领域的科研组合作进行，这种合作关系属于多科研组合作关系。这种合作通常有多个领导核心，科研项目也需要分解成许多分课题，并由每个科研组独立承担某项分课题。分配工作时，需要这些领导核心进行协调，互通信息，以更好地完成整个项目，如图 16.34 所示。

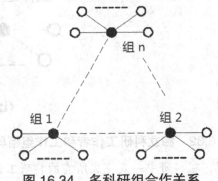

图 16.34　多科研组合作关系

这种合作有多个独立的科研组合作，合作组内的独立领导人之间相互协调，关系相对比较复杂。黑色圈表示独立组领导人，白色圈表示组员。

16.3.2　实验贡献与利益

严格来说，凡是参与了科研工作，都应算是对科研有贡献。从实验研究的周期上来说，科研工作者可从以下几个方面对实验研究有所贡献：

① 提供科研思路；

② 实验设计；

③ 实验实施；

④ 实验数据收集与分析；

⑤ 破译结果并提供结论；

⑥ 文章写作；

⑦ 文章投稿与修改。

凡在以上环节对科研工作有所贡献的科研工作者，原则上都应享有发表文章的署名权，并按其贡献大小决定排名的先后。

但有两种特殊情况，一为科研工作者为未独立的科学家；二为涉及多个课题组合作的情况。但是，无论哪种情况，按科研贡献大小进行署名，是科学界普遍的共识。

若科研工作者为大学生、硕士或博士研究生、博士后研究员、访问学者等未独立的科学家，在一著名的或独立实验室工作，所有成果属于研究所及实验室所有，发表文章的通信作者应为该实验室的负责人。

涉及多课题组间的合作,通常的做法是各实验室的主要负责人共享第一作者，但是如果合作的课题组太多，如 5~10 个以上，科学家的贡献很难量化，需要进行署名协调，发表文章时，可以以作者的姓氏的拼音字母顺序排序。

16.3.3　文章署名

关于文章署名和作者责任方面，不同的杂志有不同的要求，有些刊物要求文章列出每个共同作者所做的贡献作为注脚，这些贡献包括所有与作者相关的活动，如提出假设、设计实验、实施实验、数据收集和处理、分析结果并得出结论、文献综述与引用等。有时杂志会要求某个或某些作者对研究的诚信问题负责，即所谓的担保人，希望通过这些方式解决相关作者的贡献问题。总体来说，关于署名问题，大多数杂志都关注以下两个问题：

① 作者必须对科研工作有突出的贡献；

② 署名定义中经常提到所有的作者对文章内容都负有责任[8]。

对于以上两点的解读，往往有较大的空间和灵活性。例如，有些杂志要求必须所有作者同意提交，或都已读过文稿；一些杂志则要求每个作者签署提交文件；也有的杂志限制文章署名的人数。

附录 1

实验研究文章贡献分布表

投稿文章名称：_____

所投期刊：_____

	权重分配明细	承担任务	关键人	备注
关键文献	关键 idea1			
	关键 idea2			
	关键 idea3			
	关键 idea4			
实验设计	实验 1	核心编程人		
		辅助人		
		调试人		
		测试人		
		分析人		
		实验难度		
		关键方法		
	实验 2	核心编程人		
		辅助人		
		调试人		
		测试人		
		分析人		
		实验难度		
		关键方法		
	实验 3	核心编程人		
		辅助人		
		调试人		
		测试人		
		分析人		
		实验难度		
		关键方法		

	被试者寻求	知情同意书编制被试者信息收集、联系、安排		
文章写作	摘要			
	引言			
	方法			
	结果			
	讨论			
文章投稿	格式			
	投稿函			
文章修回	修改意见1			
	修改意见2			
	回稿函件			

附录 2

实验摘要、实验方法、参考文献写作模板

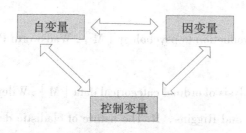

公布主题	公布内容	背后原理
被试者	生态学数据: 性别、年龄、左右利手、视力等。 社会学数据: 种族、国籍、籍贯等。 报酬: 有、无, 以及实验前、后。 自愿参与的: participates 有强迫性的: subjects	自变量、因变量、控制变量 公布的被试方面控制变量或自变量, 以及奖惩情况
主试者	单盲 双盲 被试者就是主试者本人	控制变量
刺激材料	刺激分类(自变量种类、水平)、大小、亮度	自变量个数、自变量水平(非连续测量)
刺激呈现设备	距离、CRT 类型、分辨率、刷新率、刺激软件	控制变量
实验任务 (task)	被试者对刺激的反应方式: 任务分类测量设备(脑电、眼动、反应时等)	测量的因变量、控制变量
实验设计	组间设计 组内设计	实验误差控制 独立变量和非独立变量
流程 (procedure)	试次流程(包含刺激呈现的流程、反应的流程, 即范式)	实验范式
	试次之间时间(intertrial interval)	避免 carry-over 效应
	Block 设置, 让被试者有休息时间	避免 laytent effect(潜在效应)
	Training	使学习效应保持恒定
	Session	控制变量的控制
分析方法 (Method)	1. 实验数据处理方法(Z、t、F 检验, 或者其他实验数据处理方法) 2. 软件版本号	自变量与因变量关系判定

参考文献

［1］De Vaus，D. Research design in social research［M］. Sage Publications Limited，2001.

［2］Hardy，M.A. and Bryman，A. Handbook of data analysis［M］. Sage Publication Limited，2004.

［3］Kalat，J.W. Introduction to psychology［M］. Wadsworth Publishing Company，2010.

［4］Agresti，A. Analysis of ordinal categorical data［M］. Wiley，2010，656.

［5］Pimentcl，R.A. and Riggins，R. The nature of cladistic data［J］. Cladistics，2008，3（3）：201-209.

［6］Kausler，D.H. Experimental psychology，cognition，and human aging［M］. Springer-Verlag Publishing，1991.

［7］Myers，A. and Hansen，C.H. Experimental psychology［M］. Wadsworth Publishing Company，2011.

［8］Macrina，F.L. Scientific Integrity：Text and Cases in Responsible Conduct of Research［M］. 3rd ed. Washington DC：ASM Press，2005.

致 谢

从物理学转入心理学领域，是我人生学术生涯的一个转折点，这是一个全新的挑战。从一个自然科学领域中的典范学科，进入知识体系不完备且知识体系不同步的学科，源于思想性的思考方法不同导致的内心冲突，成为一种不可逾越的困扰。这种困惑伴随我多年并挥之不去，让我不得不放弃一些最基本研究，思考思想出路。这显然是有悖通常的学术道路，存在着代价。但是，它又是那么有趣、使人着迷且令人充满探索冲动。这种探索冲动，一直驱使我思考心理学的方法学体系，并逐步解决科研前行过程中，思想前行的方向性困惑。当回顾这个历程时，心理学的方法学开始显现，指导我的方法学思想开始形成，这种思想开始伴随我开展科研，也由此产生了分享冲动，并迅速整理了两个关键性方法学：

①《眼动实验原理——眼动的神经机制、研究方法与技术》；

②《心理实验系统与原理——系统结构、测量原理与分析方法》。

《眼动实验原理》和《心理实验系统与原理》两本书，企图采用自然科学思考的逻辑，整理心理学、方法学，有效而成功。这种成功，在脑电方法学整理中，同样诱发了这种冲动。并期望在实践中，把以往的方法学体系更加完善，并使之具有普遍性。

这是对以往所掌握方法学的系统梳理和深入理解。并使之条理、逻辑及试图与心理学研究开始融为一体。它是艰难和困苦的，每次企图利用自然科学的思路来指导这种方法学的思考时，又是积极有效的。而整理脑电方法，则源于这些思考的延续和进一步思考的冲动，回顾这个整理过程，促成这些想法实现人和事情

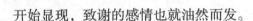

开始显现，致谢的感情也就油然而发。

①特别感谢我的"人生导师"杨仲乐教授。博士就读期间，把我带进脑电领域，他对脑电方法学的思想哲学见解，对脑电在心理学领域的地位、作用、理性批判，清晰和震撼，贯穿了我学生生活的大部分，并影响至今，这是我在脑电领域开展工作的启蒙。

②特别感谢心理学院周宗奎教授，具有开阔的国际视野，学术敏锐，支持建立一个脑电－眼动联合的实验室及研究平台，使脑电－眼动联合研究成为可能。这是我坚持自然科学道路，独立开展、践行心理实验方法学、眼动方法、脑电方法的开始。周宗奎教授是这个独立践行开始的启动人和知遇之人，是直接导致该书迅速成形的根本原因之一。

③特别感谢孟菲斯大学胡祥恩教授，应邀得以在美国孟菲斯大学心理学访学，这是我人生经历中最重要的一年。FedEx 技术研究所工作的经历，使我重点关注美国心理学界的"计算心理学"领域。在胡祥恩教授的引导下，使我看到美国心理学会基础性力量（计算心理学）。交叉学科人员的知识储备，分享精神并直接鼓舞我。使我的认识突然清晰起来，并意识到多年储备的交叉学科知识的重要性，例如，物理学、生物物理学、神经科学、信息科学、实验科学、心理学、计算语言学、数学。这些交叉学科知识汇集在一起，不可多得，且对理解脑电知识至关重要。由此，利用这些知识为指导，并分享这种理解，直接促使我决定从新的视角来整理脑电方法学。这是促成本书又一直接心理动因。

④在脑电方法学积累过程中，使我看到与我有同样经历的一批人：初涉脑电技术并为之产生犹豫、彷徨和困惑。他们提出的任何问题，都诱发我思考，并促使我的脑电思考条理化。这值得我感谢，也更加促成了我分享脑电经验，尽管我并不能完全预测这种分享的可用之处有多大。

⑤最后，衷心感谢我的妻子魏薇女士，在我远离中国的时候，独自操持家业，牺牲巨大，使我获取足够的思考时间，谨以此书献给我的妻子。

高　闯

2014 年于美国孟菲斯大学 FedEx 研究所